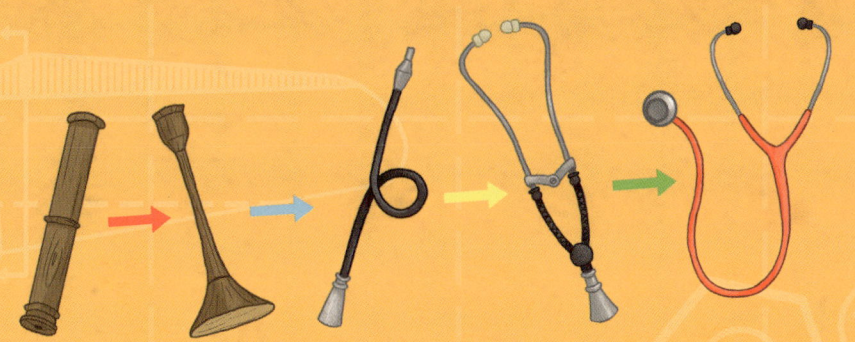

나도 될 수 있다!
만능 발명가

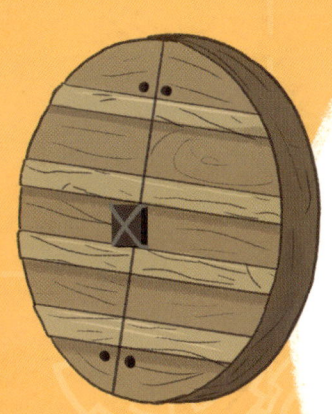
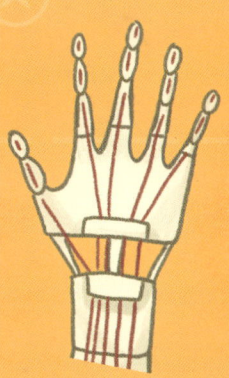

애나 클레이본 글·케이티 키어 그림
이계순 옮김·박근영 감수

별숲

별숲 어린이 STEM 학교
나도 될 수 있다! 만능 발명가

초판 1쇄 인쇄 2020년 10월 5일 | 초판 1쇄 발행 2020년 10월 12일
글 애나 클레이본 | **그림** 케이티 키어 | **옮김** 이계순 | **감수** 박근영 | **편집** 최현경 | **디자인** 손은영
펴낸곳 별숲 | **펴낸이** 방일권 | **출판등록** 제2018-000060호 | **주소** 서울특별시 마포구 양화로 133, 서교타워 1506호
전화 02-332-7980 | **팩스** 02-6209-7980 | **전자우편** everlys@naver.com

ISBN 978-89-97798-97-1 74500
ISBN 978-89-97798-94-0 (세트)

• 이 책 내용의 전부 또는 일부를 사용하려면 반드시 저작권자와 별숲 양측의 서면 동의를 받아야 합니다.
• 책값은 뒤표지에 표시되어 있습니다.
• 잘못된 책은 바꾸어 드립니다.
• 문학의 감동과 즐거움이 가득한 별숲 카페로 초대합니다. (http://cafe.naver.com/byeolsoop)

Copyright © Arcturus Holdings Limited
www.arcturuspublishing.com
All rights reserved.

Korean translation copyright © 2020 by Byeolsoop
Korean translation rights arranged with ARCTURUS PUBLISHING
through EYA(Eric Yang Agency).

이 책의 한국어판 저작권은 EYA(Eric Yang Agency)를 통해 ARCTURUS PUBLISHING과 독점계약한 별숲에 있습니다.
저작권법에 의하여 한국 내에서 보호를 받는 저작물이므로 무단전재와 복제를 금합니다.

이 도서의 국립중앙도서관 출판예정도서목록(CIP)은 서지정보유통지원시스템 홈페이지(http://seoji.nl.go.kr)와
국가자료종합목록 구축시스템(http://kolis-net.nl.go.kr)에서 이용하실 수 있습니다. (CIP제어번호 : CIP2020038477)

STEM이란?

과학(Science), 기술(Technology), 공학(Engineering), 수학(Mathematics)에 통합적으로 접근하여, 이 과목에 대한 학생들의 관심과 흥미를 증진하고자 노력하는 세계적인 인재 양성 방법입니다.

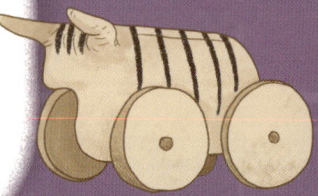

차례

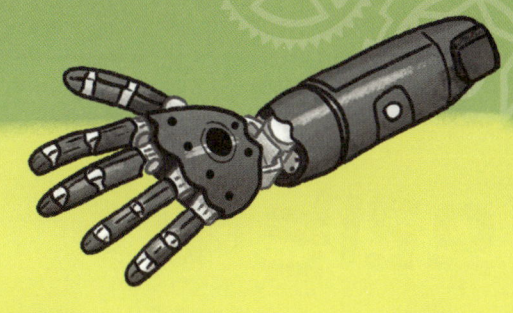

우리는 만능 발명가 4
바퀴 6
톱니바퀴 8
다리 10
청진기 12
진공청소기 14
악기 16
현미경 18
금속 활자 20
엑스선 사진 22
글라이더 24
비행기 26
도르래 28
자기 부상 열차 30
모스 부호 32
녹음과 재생 34
전성관 36
카메라 오브스쿠라 38

호버크라프트 40
안경 42
컴퓨터 마우스 44
프로그래밍 언어 46
불꽃놀이 48
나침반 50
지진계 52
지렛대 54
인공 팔다리 56

깜짝 퀴즈 58
정답과 풀이 60
주요 개념 62
추천하는 글 64

우리는 만능 발명가

인류는 선사 시대부터 더 나은 삶을 위해 끊임없이 새로운 물건을 발명했어요. 돌망치나 나무 작살부터 배, 바퀴, 돈, 변기, 망원경, 전구…… 그리고 오늘날에는 텔레비전과 컴퓨터, 스마트폰까지! 우리는 언제나 발명을 해 왔지요.

이 책에는 놀랍고 멋진 발명품이 잔뜩 소개되어 있어. 재미난 실험과 놀이로 발명의 원리를 이해하고 멋진 아이디어도 얻어 봐!

때로는 동물도 발명을 해요. 돌고래는 스펀지처럼 생긴 해면을 코에 걸치고 먹이를 찾아다녀요. 날카로운 산호에 코를 찔리지 않게 하는 보호대인 셈이지요.

하지만 누가 뭐래도 최고의 발명가는 우리 인간이야. 오랜 옛날부터 온갖 놀라운 발명품을 만들어 왔으니까!

쥐덫을 발명해 보자

맛보기로 간단한 발명품에 도전해 보아요. 누구도 집에 쥐가 돌아다니게 두고 싶진 않을 거예요. 그렇다고 동물을 함부로 해치기도 꺼림칙하고요. 쥐를 가두어 놓았다가 밖에 풀어 줄 수 있는 장치가 있으면 좋겠어요. 쥐를 해치지 않고 가두는 쥐덫을 발명해 보면 어떨까요? 아래에 여러분이 생각하는 쥐덫 모양을 그리고, 작동 방식도 적어 보세요.

조심해!

아래 문제들을 생각해 봐.
- 어떻게 하면 쥐가 안으로 들어오게 할까?
- 쥐가 들어온 다음 뭔가 건드려서 문이 닫히게 하려면?
- 나중에 쥐를 풀어 주는 방법은?

바퀴

바퀴는 인류 역사에서 가장 중요한 발명품 가운데 하나예요. 세상에 바퀴가 없다면 어떨지 한번 상상해 봐요. 불편해서 살기 힘들다는 걸 금세 깨달을 거예요.

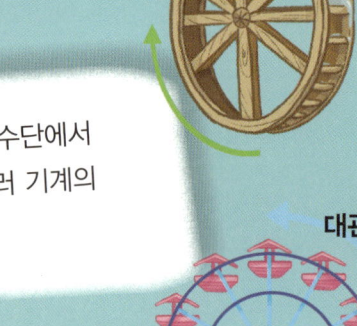
물레방아

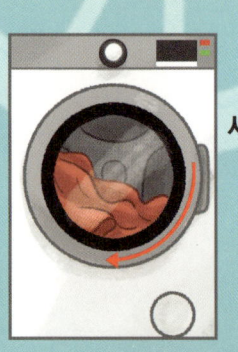
세탁기

바퀴는 자전거, 자동차, 기차를 비롯한 여러 교통수단에서 가장 중요한 부분이에요. 그뿐만 아니라 온갖 여러 기계의 부품으로 사용되기도 하지요.

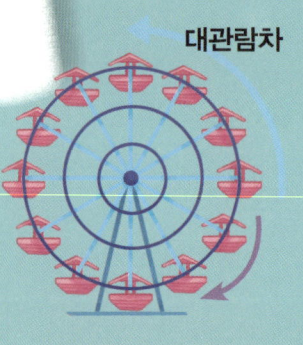
대관람차

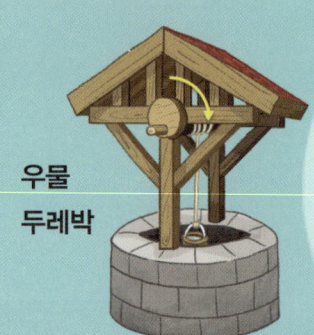
우물 두레박

아시아와 유럽에서는 약 5천 년 전부터 바퀴를 썼대. 고고학자들이 찾아낸 아주 오래된 수레바퀴와 바퀴 달린 장난감을 보면 알 수 있지. 고대 벽화에 그려진 바퀴 달린 탈것도 그 증거야.

고대 우크라이나의 바퀴 달린 장난감

슬로베니아에서 발견된 오래된 나무 수레바퀴

수메르인이 수레를 타는 그림

바퀴의 역사를 알아보자

누가 어떻게 바퀴를 발명했는지 확실히 알 수는 없어요. 그래도 어느 고대인들이 건축물을 지을 때 쓸 돌덩어리처럼 아주 커다란 물체를 통나무 위에 놓고 굴려서 옮겼다는 건 잘 알려져 있지요. 전문가들은 이 방법이 오랜 시간에 걸쳐 점점 발전해서 바퀴가 되었을 거라고 짐작해요.

맨 아래쪽 글을 보면서 바퀴가 발전한 순서를 참고해서 아래 그림을 순서대로 나열해 보세요.

1. 통나무에 물건을 올려놓고 굴렸어요. 맨 뒤에 있는 통나무를 앞으로 계속 옮겨 주어야 물건을 원하는 데까지 옮길 수 있지요.
2. 평평한 받침대에 물건을 올려서 그 아래에 통나무를 깔기 쉽도록 했어요.
3. 통나무가 받침대 아래쪽 튀어나온 부분에 긁히면서, 양 끝에 바퀴 모양이 만들어졌어요.
4. 평평한 받침대 아래쪽에 구멍을 뚫어 긴 막대 두 개를 끼웠어요. 굴대가 된 막대 양 끝에는 둥근 바퀴를 고정했어요.
5. 바퀴살이 발명되어 바퀴가 더 가볍고 튼튼해졌어요.

톱니바퀴

둥근 틀 둘레에 일정한 간격으로 뾰족뾰족 톱니가 나 있는 것을 '톱니바퀴' 또는 '기어'라고 해요. 톱니바퀴는 여러 기계 속에 들어 있는데, 동력을 전달하고 힘의 세기나 각도, 속도, 방향을 바꿔 주기도 해요.

이 그림은 회전 방향을 바꿔 주는 간단한 톱니바퀴예요. 두 톱니바퀴는 서로 맞물려 있어서, 한쪽이 돌아가면 다른 쪽도 같이 돌아가요. 이때 회전 방향은 서로 반대예요.

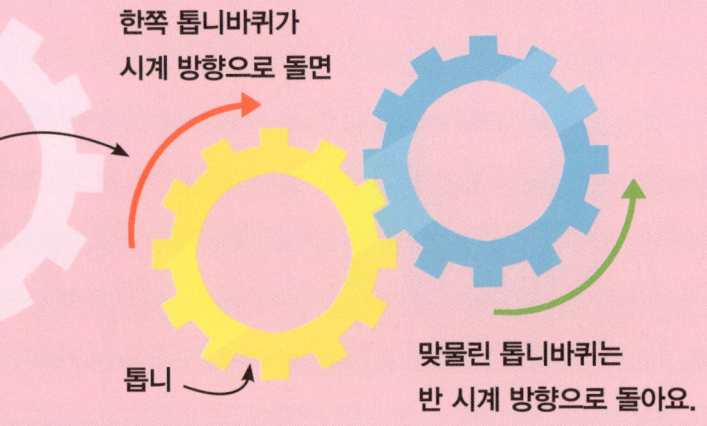

한쪽 톱니바퀴가 시계 방향으로 돌면

톱니

맞물린 톱니바퀴는 반 시계 방향으로 돌아요.

큰 톱니바퀴가 작은 톱니바퀴를 돌릴 때는 회전 속도를 바꾸어 작은 톱니바퀴가 더 빨리 돌아가요.

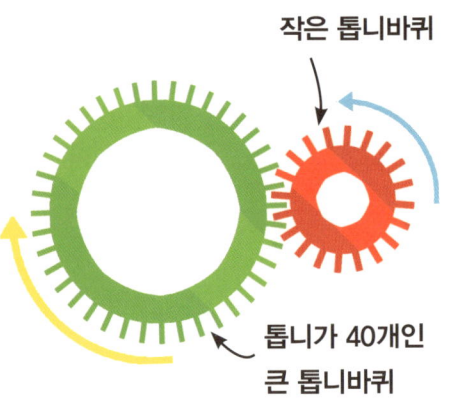

톱니가 20개인 작은 톱니바퀴

톱니가 40개인 큰 톱니바퀴

큰 톱니바퀴가 한 바퀴 돌면 작은 톱니바퀴는 두 바퀴 돌아가서 회전 속도가 두 배 빨라져요. 반대로 작은 톱니바퀴가 큰 톱니바퀴를 돌리면 회전 속도가 느려지지요.

세워 놓은 톱니바퀴

눕혀 놓은 톱니바퀴

톱니바퀴 두 개가 서로 직각을 이루도록 하면, 회전하는 각도도 바꿀 수 있어.

톱니바퀴의 방향을 알아맞혀 보자

어떤 기계는 톱니바퀴 여러 개가 서로 정교하게 맞물려 있어요.
아래에 나온 기계는 어떻게 작동할지 알아내 보아요.

이 친구가 손잡이를 화살표가 가리키는 대로 시계 방향으로 돌리면, 맨 끝에 있는 계기판의 바늘은 위, 아래 중 어느 쪽을 가리킬까요?

다리

맨 처음 다리는 아주 단순했어요. 그냥 통나무를 실개울 위에 걸쳐 놓은 거지요. 그러다 오늘날에는 기술이 엄청나게 발전해서, 드넓은 바다나 깊은 골짜기에도 웅장한 다리가 놓이게 되었어요.

오늘날 볼 수 있는 현대식 다리는 어떻게 발명되었을까요? 어떻게 그토록 널찍한 공간 위에 쭉 뻗어 있으면서 자동차와 트럭, 기차까지 오가도 끄떡없이 잘 버틸 수 있을까요?

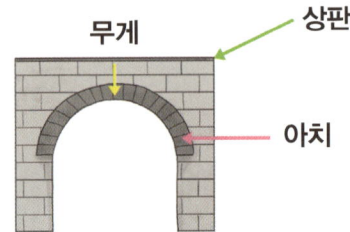

다리가 튼튼하고 안정된 구조가 되도록 아치 모양으로 만드는 경우가 많아요.

이렇게 생긴 다리를 '현수교' 또는 '출렁다리'라고 해요. 높다란 탑을 양쪽에 세워 쇠사슬을 건너지르고, 거기에 상판을 매달아 만들지요.

일본의 아카시 해협 대교는 바다 위에 놓인 다리인데, 양쪽 탑 사이 거리가 1991m나 돼요. 세계에서 가장 긴 현수교지요.

다리는 주로 돌, 콘크리트, 철, 강철처럼 단단한 재료를 써서 만들어.

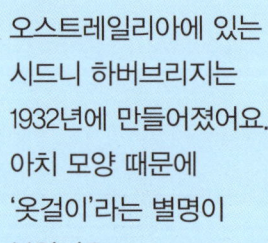

오스트레일리아에 있는 시드니 하버브리지는 1932년에 만들어졌어요. 아치 모양 때문에 '옷걸이'라는 별명이 붙었지요.

철강 아치에 연결된 쇠줄이 다리를 지탱하고 있어요. 아치 부분 길이는 503m예요.

다리를 설계해 보자

다리를 직접 만들어 보면서, 어떻게 만들어야 튼튼한지 확인해 보세요.

준비합시다

- 두꺼운 종이
- 종이 빨대
- 끈
- 가위
- 연필과 자
- 테이프
- 티슈 갑 같은 종이 상자 2개
- 동전, 지우개, 통조림 등 무게를 가늠할 만한 물건

1. 두꺼운 종이를 길이 30cm, 폭 10cm로 잘라 다리를 만들어서 상자 2개 사이에 걸쳐 놓아요.

2. 종이 다리 한가운데에 여러 가지 물건을 올려놓아요. 잘 버티고 있나요, 아니면 금세 떨어지나요?

3. 그렇지 않다면 다른 재료를 이용해서 여러 가지 방법으로 더 튼튼한 다리를 만들어 보세요.

종이 다리 상판에 아치 모양을 만들어 붙이면 더 튼튼해질 수도 있어. 빨대를 끈으로 연결해서 왼쪽 그림처럼 현수교를 만들어 볼 수도 있지.

11

청진기

1816년, 프랑스 파리의 어느 병원에 르네 라에네크라는 의사가 일하고 있었어요. 그 당시 의사들은 환자의 가슴이나 등에 직접 귀를 갖다 대고 심장 박동 소리를 들었어요. 그러다 보니 환자가 불편해하면 심장 박동 소리를 듣기 어려워 애를 먹었지요.

라에네크는 관을 통해 소리를 들으면 더 잘 들린다는 생각이 떠올랐어요. 그래서 종이를 돌돌 말아 관을 만들어 환자의 가슴에 대고, 반대쪽 끝에 귀를 갖다 대었지요. 정말 잘 들렸어요! 라에네크는 이 생각을 발전시켜 청진기를 발명했지요.

그 뒤로도 여러 사람이 라에네크가 만든 청진기를 발전시켜 더 쓸모 있게 만들었어.

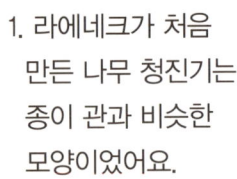

1. 라에네크가 처음 만든 나무 청진기는 종이 관과 비슷한 모양이었어요.

2. 한쪽 끝이 나팔 모양으로 된 나무 청진기도 나왔지요.

3. 1840년, 영국 의사 골딩 버드가 가늘고 잘 구부러지는 청진기를 만들었어요.

4. 1851년, 아일랜드 의사 아서 리어드가 양쪽 귀로 듣는 청진기를 발명했어요.

5. 청진기는 단순하면서도 쓰임새가 좋아서 오늘날에도 널리 사용되지요.

종이 청진기를 만들자

직접 청진기를 만들어서, 심장 박동 소리가 잘 들리는지 확인해 보아요.

준비합시다

- 키친 타월이나 포일 속대 같은 두꺼운 종이 관
- 작은 깔때기
- 테이프

1. 깔때기의 좁은 끝을 종이 관의 한쪽 끝에 끼워 넣어요.

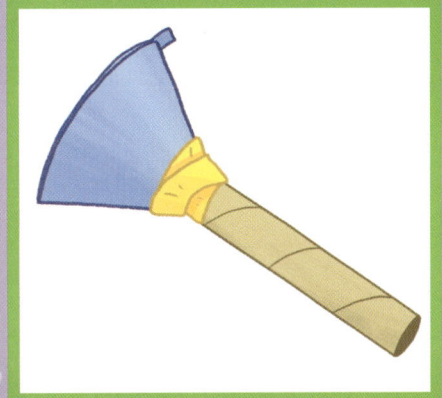

2. 깔때기가 빠지지 않도록 테이프로 잘 붙여요.

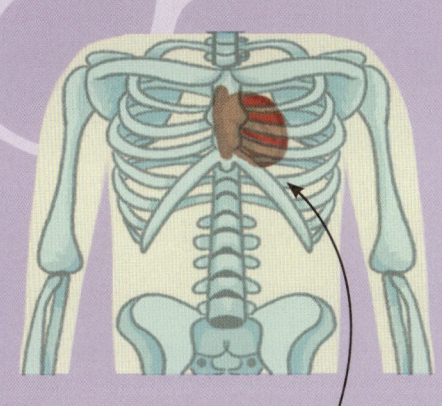

심장은 보통 여기쯤에 있어.

3. 친구나 가족에게 심장 박동 소리를 들어도 괜찮은지 확인한 다음 종이 청진기를 시험해 봐요. 처음에는 맨 귀로 듣고, 그다음에는 청진기로 들어 봐요. 깔때기 끝이 상대방의 가슴에 잘 닿도록 해요.

진공청소기

진공청소기는 무척 쓸모 있는 발명품이에요.
자잘한 먼지와 부스러기는 빗자루로 쓸어 담기보다
청소기로 빨아들이는 게 훨씬 더 편하지요.
그래서 진공청소기를 쓰는 집이 아주 많아요!

1860년, 미국인 대니얼 헤스가 처음으로 진공청소기 아이디어를 떠올렸어요. 손으로 직접 펌프질을 해서 먼지를 빨아들였지요.

1901년, 영국인 발명가 휴버트 세실 부스는 엔진으로 움직이는 진공청소기를 만들었어요. 하지만 크기가 너무 커서 집 안에 들일 수 없었지요. 부스는 이 청소기를 마차에 싣고 다니면서, 말랑말랑하고 기다란 호스를 창문이나 문으로 집어넣어 청소해 주었답니다.

요즘 같은 가정용 진공청소기는 1907년에 미국의 제임스 스팽글러가 처음 만들었어. 그 뒤로도 여러 모양과 기능을 갖춘 청소기가 발명되었지.

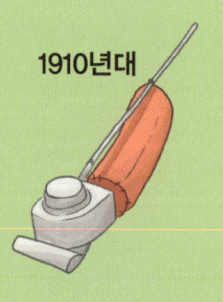 1910년대

 1920년대

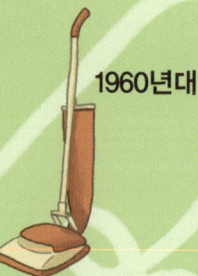 1960년대

 1980년대

 2010년대

호스의 주인을 찾아보자

휴버트 세실 부스가 만든 커다란 진공청소기의 호스가 한데 엉켜 있어요.

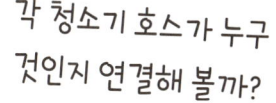

각 청소기 호스가 누구 것인지 연결해 볼까?

악기

바퀴와 마찬가지로 악기도 아주 오래된 발명품이에요. 그래서 누가 처음으로 만들었는지 알 수 없지요.

맨 처음 악기는 북이나 방울 같은 타악기였을 거예요. 막대기와 돌멩이를 서로 부딪쳐 리듬을 연주했지요. 그런 다음 점점 여러 크기와 모양의 관, 막대기, 줄이 어떻게 하면 서로 다른 높낮이로 소리 내는지 알아내어 선율을 연주하게 되었어요.

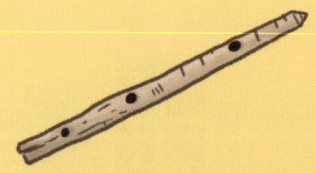
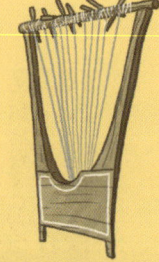
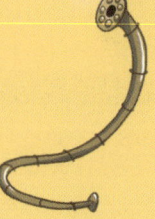

기원전 4100년경 피리가 발명되었어요. 구멍이 여러 개 나 있어서, 손가락으로 몇 개를 가리느냐에 따라 높낮이가 다른 소리를 내지요.

기원전 3200년경 리라나 하프 같은 현악기가 만들어졌어요.

기원전 1000년경 관악기 루르가 발명되었어요. 청동 호른과 비슷하게 생겼지요.

오랜 옛날부터 지금까지 끊임없이 놀랍고 멋진 악기가 발명되었어.

1700년경 이탈리아의 바르톨로메오 크리스토포리가 피아노를 발명했어요.

1931년 미국의 조지 비첨이 전기 기타를 발명했어요.

1945년 캐나다의 휴 르 케인이 신시사이저를 발명했어요.

악기를 만들어 보자

지금도 새로운 악기를 만드는 사람이 많아요. 때로는 날마다 흔히 쓰는 물건으로 악기를 만들기도 하지요. 우리도 유리병 실로폰을 만들어서 어떻게 하면 서로 다른 소리가 나는지 한번 알아볼까요?

준비합시다

- 같은 크기와 모양의 빈 유리병 여러 개
- 물
- 쇠숟가락

1. 먼저 빈 유리병으로 여러 가지 소리를 내 봐요. 숟가락으로 유리병을 두드리거나, 병 입구 가까이 입을 대고 불어서 소리를 낼 수도 있지요. 이때 병이 깨지지 않도록 조심해요.

2. 유리병 여러 개를 나란히 세운 뒤, 물의 양을 서로 다르게 채워요.

3. 또다시 유리병을 두드리거나 병 입구에 바람을 불어서 소리를 내요.

4. 물의 양을 조절해서, 피아노 건반처럼 순서대로 '도레미파솔' 소리가 나도록 만들 수도 있어요.

현미경

1670년대 네덜란드에 옷감 파는 상인 안톤 판 레이우엔훅이란 사람이 있었어요. 그는 옷감을 더 자세히 보고 싶어 돋보기 렌즈를 연구했어요. 그러다 마침내 273배나 확대해서 볼 수 있는 현미경을 발명했지요. 레이우엔훅이 처음으로 미생물의 세계를 눈으로 보았을 때, 얼마나 깜짝 놀랐을까요?

안톤 판 레이우엔훅이 만든 현미경

- 관찰할 물건을 놓는 곳(재물대)
- 금속판
- 아주 작은 유리구슬 렌즈. 가느다란 유리 가닥을 녹여서 만들었어요.

레이우엔훅은 현미경으로 이에 낀 치석이나 연못 물, 그 밖에도 여러 가지를 관찰했어요. 온갖 작고 꿈틀거리는 생명체를 보고 깜짝 놀라며 '극미 동물'이라는 이름을 붙여 주었지요.

레이우엔훅이 본 극미 동물은 세균을 비롯한 여러 미생물이라는 게 나중에 밝혀졌지.

레이우엔훅이 현미경으로 관찰하고 그린 극미 동물들

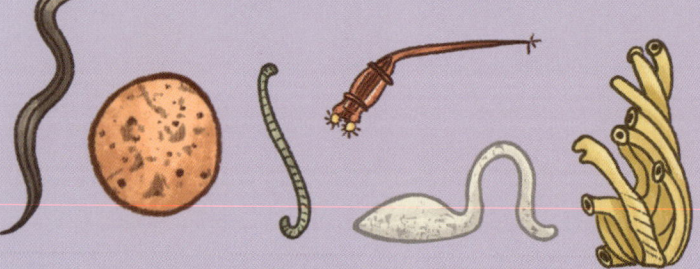

물방울 현미경을 만들자

여러분도 레이우엔훅처럼 현미경을 만들어 보아요.
유리구슬 대신 물방울을 쓰면 되지요.

준비합시다

- 엽서
- 알루미늄 포일
- 가위
- 테이프
- 굵은 바늘
- 이쑤시개나 꼬챙이
- 식용유나 바셀린
- 물
- 손전등
- 양파 껍질이나 깃털 등 관찰할 물건

1. 엽서 가운데에 2~3cm 크기로 정사각형 구멍을 뚫어요.

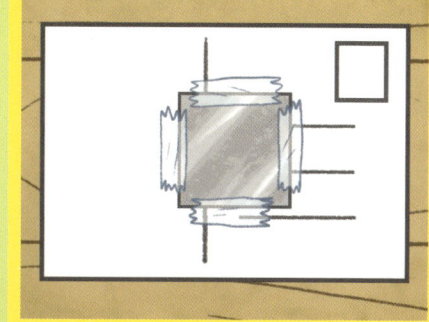

2. 알루미늄 포일을 구멍보다 조금 더 크게 잘라서 테이프로 붙여요.

3. 바늘로 포일 한가운데에 깔끔하게 둥근 구멍을 뚫어요.

4. 이쑤시개에 식용유나 바셀린을 묻혀서, 구멍 가장자리에 살짝 발라요.

5. 이쑤시개 반대쪽 끝에 물을 묻혀서, 포일 구멍에 한 방울 떨어뜨려요.

6. 손전등을 위로 세운 채로 불을 켠 다음, 그 위에 관찰 대상을 올려놓아요.

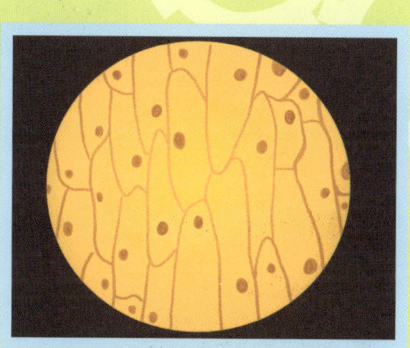

7. 물방울 렌즈를 관찰 대상에 가까이 대요. 물방울에 한쪽 눈을 바짝 갖다 대고 관찰해요.

금속 활자

먼 옛날에는 책을 만들 때 일일이 다 손으로 베껴 써야 했어요. 이런 일을 전문적으로 하는 '필경사'라는 직업도 있었지요. 필경사가 책 한 권을 섬세하게 베껴 쓰는 데는 몇 주나 몇 달씩 걸리기도 했어요.

직접 쓰는 것보다 틀림없이 더 좋은 방법이 있을 거야!

1040년경, 중국 송나라 때 필승이라는 발명가가 처음으로 흙으로 빚어 구운 활자를 만들었어요. 또 1100년대 고려에서는 금속으로 활자를 만들어 쓰기 시작했고, 1377년에는 세계에서 가장 오래된 금속 활자 인쇄물인 《직지심체요절》이 만들어졌어요.

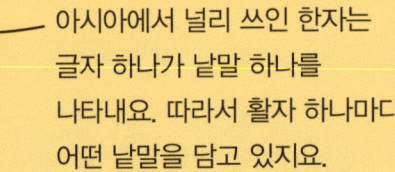

아시아에서 널리 쓰인 한자는 글자 하나가 낱말 하나를 나타내요. 따라서 활자 하나마다 어떤 낱말을 담고 있지요.

1440년대에 요하네스 구텐베르크가 서양 최초로 금속 활자를 발명했어요. 활자 하나마다 알파벳이 한 글자씩 새겨져 있어서, 활자를 조합하여 낱말과 문장을 만들었지요.

금속 활자로 인쇄를 할 때는 먼저 활판 안에 활자를 배치해서 단어와 문장을 만들어요. 그런 다음 활판 위에 먹물을 칠하고, 그 위에 종이를 올리고 위에서 눌러서 찍어 내지요.

활자로 찍은 인쇄물을 찾아보자

활자로 인쇄를 할 때는 낱글자나 단어를 거울에 비춘 것처럼 좌우로 뒤집어 만들어야 해요.
그래야 그 위에 종이를 덮어 찍으면 원하는 내용으로 나오지요.
아래의 한자 활자와 그 활자로 찍어 낸 인쇄물을 서로 연결해 보세요.

1

2

3

4

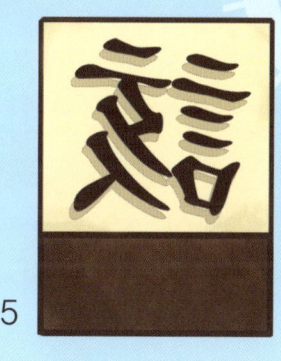
5

①

②

④

⑤

인쇄 기술이 발전하자 많은 사람에게 정보를 전할 수 있게 되었어. 오늘날의 인터넷처럼 말이야.

엑스선 사진

정글짐처럼 높은 곳에서 떨어져 팔다리가 부러지거나 뼈에 금이 간 적 있나요? 엑스선 사진이라는 놀라운 발명품 덕분에, 의사들이 우리 몸 안을 들여다보고 어디에 문제가 있는지 정확히 알 수 있어요.

여러 발명품처럼 엑스선도 우연히 발견되었어요. 1905년, 독일의 과학자 빌헬름 뢴트겐은 전기를 연결하면 빛이 나는 진공 유리관을 가지고 실험을 하고 있었어요. 빛이 새어 나오지 않도록 유리관을 검은 종이로 꽁꽁 싸맨 상태였지요.

그런데 맞은편에 조금 떨어져 있던 빛을 감지하는 판이 밝게 빛나기 시작했어요. 뢴트겐은 유리관 속 어떤 광선이 검은 종이를 뚫고 나왔다는 것을 알아차렸지요. 어떤 광선인지 알 수 없어서 '엑스(X)선'이라고 이름 붙였어요.

엑스선은 빛이 통과할 수 없는 물질을 통과했어요. 뢴트겐이 빛이 나오는 쪽에 손을 갖다 대자, 엑스선이 살은 통과하고 뼈는 통과하지 못했지요. 그러니까 손의 뼈마디가 그대로 드러난 거예요.

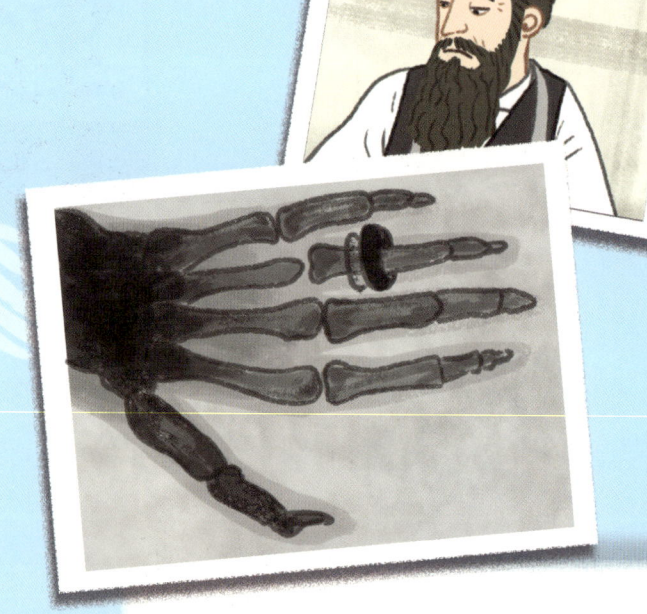

뢴트겐은 엑스선으로 아내의 손을 찍었어요. 이 최초의 엑스선 사진에는 손가락뼈와 함께 결혼반지도 같이 찍혔답니다.

엑스선은 빛이나 전파, 마이크로파 같은 전자파의 일종이야.

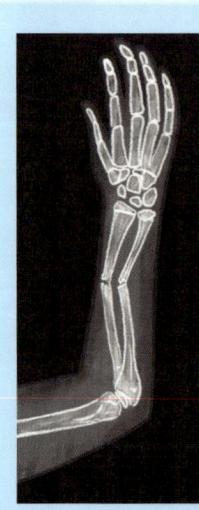

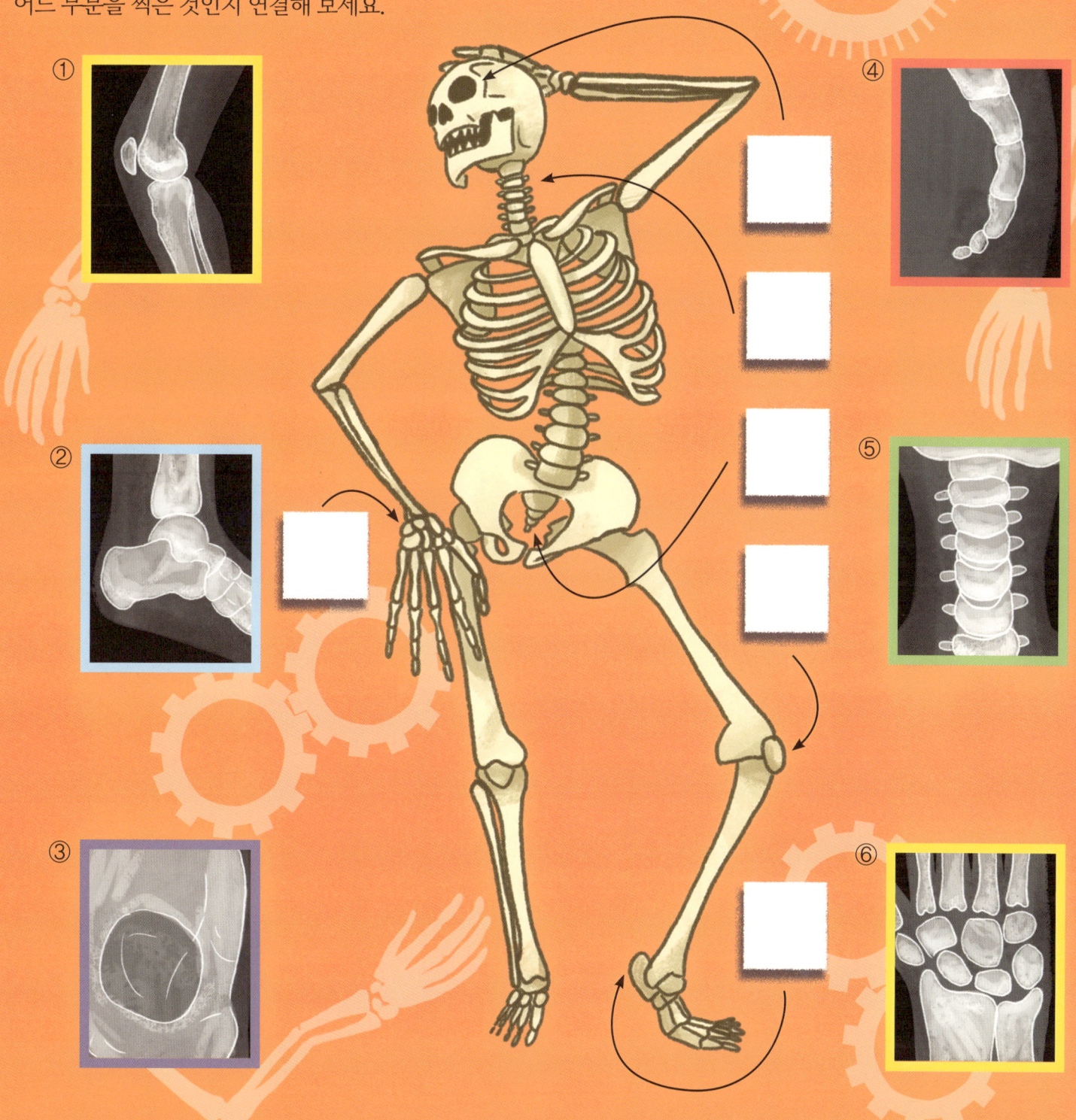

글라이더

글라이더는 동력 장치가 없는 비행기예요. 엔진도 프로펠러도 없지요. 공기의 흐름을 따라 미끄러져 날다가 땅에 착륙하는 거예요.

인간은 수백 년 동안 새처럼 날개를 달고 펄럭여서 하늘을 날아 보려고 애썼어요. 하지만 결코 성공할 수 없었지요. 몸집이 가볍지 않고, 날개를 세차게 퍼덕일 만큼 힘이 세지도 않으니까요.

875년
스페인의 아랍계 과학자 아바스 이븐 피르나스가 글라이더를 타고 하늘을 날았어요. 나무 틀에 비단을 씌워 만든 날개로 몇 분 동안 하늘을 날았는데, 그때 나이가 무려 70살이었다고 해요.

1632년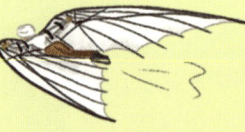
기록에 따르면 헤자르펜 아흐멧 첼레비가 글라이더 날개를 만들어 달고 터키의 보스포루스 해협을 건넜다고 해요. 비행 거리는 약 1.5km였지요.

1849년
영국의 발명가 조지 케일리는 여러 가지 글라이더를 끊임없이 만들고 사람을 태우지 않은 채 시험했어요. 마침내 열 살짜리 남자아이를 글라이더에 태워 언덕에서 밀어 날렸지요. 다행히 안전하게 착륙했어요.

1890년대
1890년대 독일의 공학자 오토 릴리엔탈은 본격적으로 글라이더를 연구하고 책을 쓰기도 해서 비행기 탄생의 길을 열었어요. 2천 번 넘게 활공에 성공했지만, 안타깝게도 거센 바람을 만나 추락해서 숨졌지요.

오늘날
글라이더 연구는 비행기 개발로 이어졌어요. 오늘날에는 행글라이더를 취미로 즐기는 사람들이 많아요.

새들은 날개를 펄럭여 날기도 하지만, 움직이지 않은 채 쫙 펴서 활공하기도 해요. 발명가들이 펄럭이는 날개 대신 활공하는 글라이더를 따라 만들자, 드디어 하늘을 날 수 있게 되었어요!

종이 글라이더를 만들자

종이비행기는 단순한 형태의 글라이더예요. 어떻게 하면 더 멀리 날아갈지 연구해 볼까요?

준비합시다
- 종이
- 클립
- 테이프
- 가위
- 넓은 실내 공간

친구들과 함께 각자 생각한 방법으로 종이비행기를 만들어서, 누구 비행기가 멀리 나는지 겨루어 보면 더 재미있을 거야.

1. 먼저 기본적인 종이비행기부터 만들어 봐요. 방법이 잘 생각나지 않으면 아래의 그림을 보고 따라 접어 봐요.

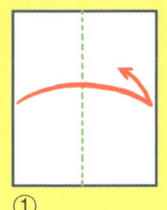 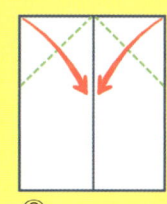
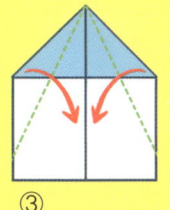 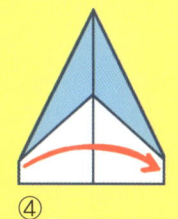
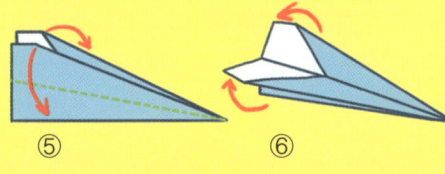

2. 비행기를 날려 보세요. 잘 날아가나요?

3. 여러분만의 특별한 비행기를 발명해서 더 멀리 날아가도록 해 보세요. 여기 나온 몇 가지 방법을 참고해도 좋아요.

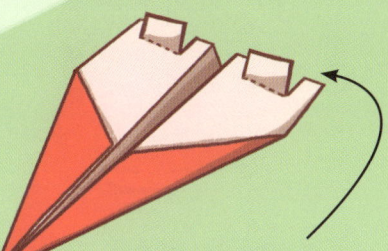
날개 아랫부분을 잘라서 위나 아래로 접어 보세요.

날개 양쪽 가장자리를 위로 접어 올려요.

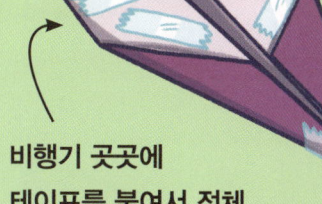
비행기 곳곳에 테이프를 붙여서 전체 무게를 늘려요.

꼬리날개를 만들어 붙여요.

종이 비행기 앞쪽에 클립을 끼우면 더 잘 날기도 해. 아예 완전히 새로운 모양으로 발명해 봐도 좋아!

비행기

이제 사람들은 글라이더를 타고 하늘을 날 수 있게 되었지만, 그렇게 오래 날지는 못했어요. 동력 장치가 없고, 원하는 대로 방향이나 속도를 조절하기도 어려웠거든요. 따라서 그다음 단계로 글라이더를 발전시켜 엔진이 달린 비행기를 만들기 시작했지요.

미국의 오빌과 윌버 라이트 형제가 최초의 비행기인 '플라이어호'를 만들었어요. 그리고 1903년 12월 17일, 12초밖에 안 되는 짧은 순간이었지만 첫 비행에 성공했지요. 라이트 형제는 같은 날 세 번 넘게 비행을 해서, 가장 길게는 59초까지 날았어요.

라이트 형제의 비행은 동력을 이용해서, 상당한 시간 동안 계속해서, 원하는 대로 조종하여, 공기보다 무거운 물체를 날게 한 세계 최초의 기록이었어.

플라이어호에 달린 엔진이 프로펠러를 돌려서 비행기를 앞으로 나아가도록 했어요.

조종사는 플라이어호가 나아가는 방향을 조종하고 안전하게 착륙시킬 수 있었어요.

플라이어호는 열기구처럼 공기 중에 둥둥 떠오르지 않았어요.

플라이어호는 조종사가 착륙시킬 때까지 계속해서 하늘을 날았어요.

진짜 플라이어호는?

아래의 그림은 하늘을 나는 플라이어호의 모습이에요. 똑같아 보이지만 살짝 다른 곳이 있어요. 안전하게 비행할 수 있는 진짜 플라이어호는 둘 중 하나뿐이랍니다.

두 그림에는 서로 다른 곳이 여섯 군데 있어! 다 찾을 수 있을까?

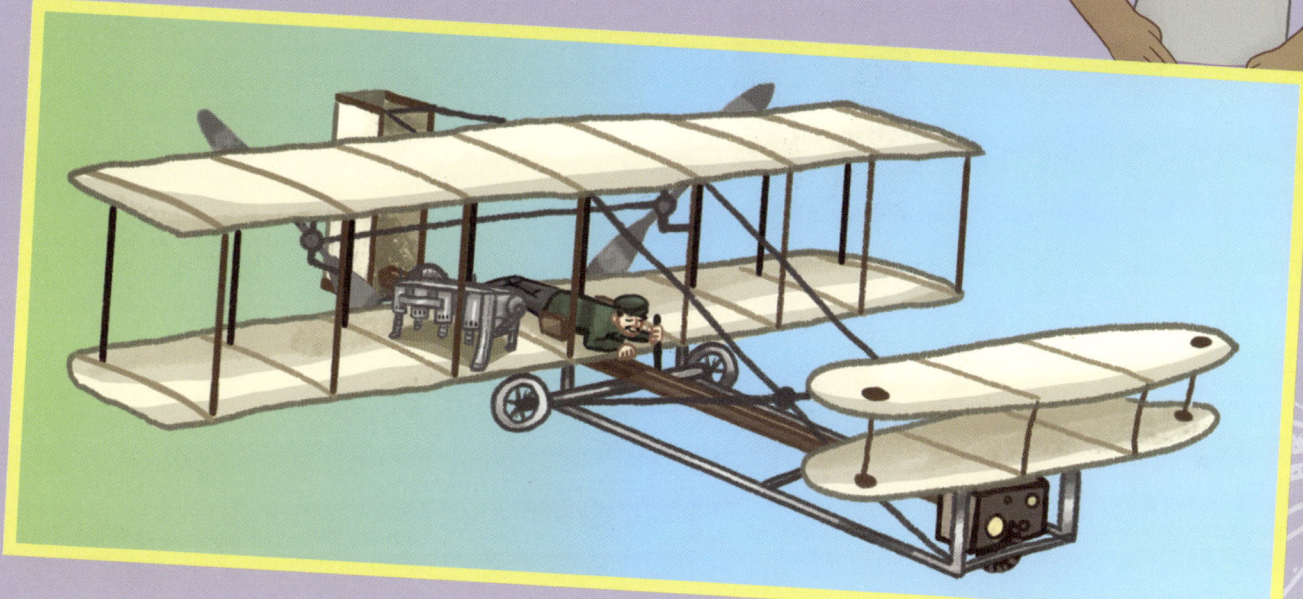

도르래

'도르래'라는 장난감을 아시나요? 중국에서 무려 기원전 400년경에 처음 만들어졌다고 하는데, 대나무 바람개비나 대나무 헬리콥터라고도 해요.

도르래의 아랫부분 막대기를 두 손바닥으로 잡고 돌리면, 날개가 회전하면서 하늘로 날아올라요.

도르래의 양쪽 날개는 비스듬히 기울어져 있어요. 따라서 도르래를 제대로 돌리면, 날개가 돌아가면서 공기를 아래로 밀어내요. 그러면 도르래가 위로 떠오르지요.

도르래는 헬리콥터의 조상쯤 되지요. 헬리콥터도 같은 원리로 작동하거든요.

헬리콥터는 수직으로 떠올랐다 내려앉을 수 있고, 공중에서 제자리에 맴돌 수도 있어요.

회전 날개가 빙글빙글 돌면서 공기를 아래로 밀어내고, 그에 따라 헬리콥터가 위로 밀려 올라가요.

긴 활주로에서 비스듬히 떠오르고 내려앉아야 하는 비행기와 달리, 헬리콥터는 산이나 바다의 비좁은 곳에 내려앉을 수 있어. 그래서 사람을 구조하거나 불을 끌 때 자주 쓰이지.

헬리콥터의 발전

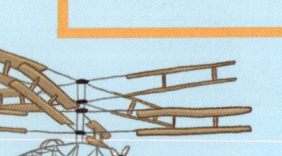
1905년

1907년

1922년

도르래를 만들어 보자

옛날에는 대나무를 깎아서 도르래를 만들었어요. 우리도 두꺼운 종이와 나무 꼬챙이로 간단히 만들어 날려 볼까요?

준비합시다
- 나무 꼬챙이
- 두꺼운 종이
- 가위
- 자
- 연필
- 풀

1. 두꺼운 종이를 길이 20cm, 폭 2~3cm로 잘라 날개를 만들어요.

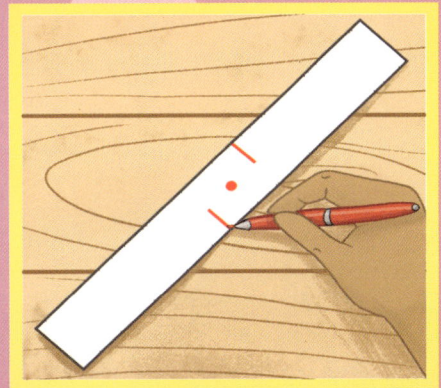

2. 날개 한가운데에 점을 찍고, 점 양쪽으로 같은 길이만큼 떨어진 곳에 폭의 절반만큼 선을 그어요.

3. 선을 따라 자른 다음, 양쪽 날개를 서로 반대 방향으로 접어 내려요.

4. 꼬챙이 끝에 풀을 살짝 바르고, 날개에 찍힌 점에 맞춰 꿰어 올려요. 찔리지 않도록 날카로운 끝부분을 잘라 내요.

5. 완성된 도르래의 꼬챙이 부분을 잡고 양 손바닥으로 휙 비비면서 날려 보아요.

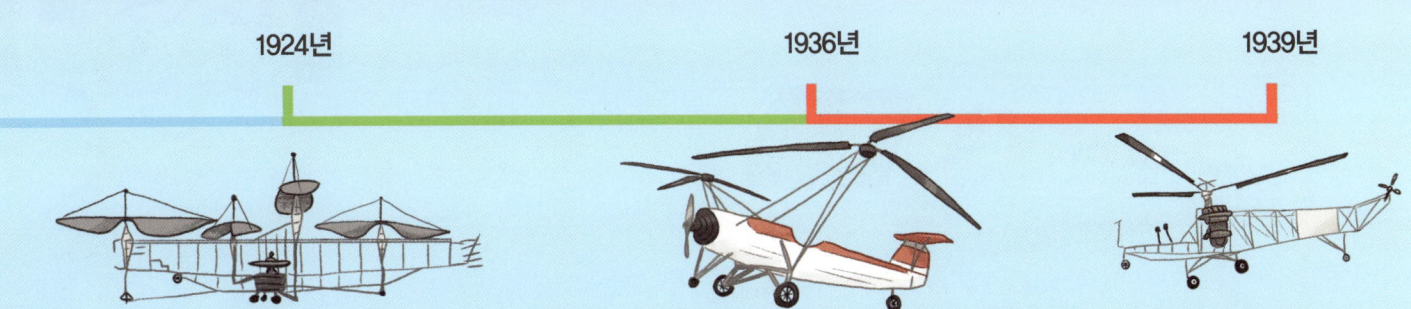

1924년   1936년   1939년

자기 부상 열차

자석 두 개를 가까이 대 본 적이 있나요? 두 자석이 서로 끌어당기는 힘이 느껴질 때도 있고, 그중 하나를 반대 방향으로 돌리면 서로 밀어내려는 힘이 느껴지기도 해요.

1900년 무렵, 몇몇 발명가들은 자석의 같은 극끼리 서로 밀어내는 힘을 이용하면 기차도 공중에 띄울 수 있다는 것을 깨달았어요. 기차 바퀴는 달리면서 선로와 마찰을 일으켜 그만큼 속도가 줄어들고 시끄럽지만, 자석의 힘으로 생긴 '쿠션' 위에서 달리게 하면 빠른 속도로 조용히 달릴 수 있을 거라고 생각했지요. 이런 생각이 발전해서 자기 부상 열차가 탄생했어요.

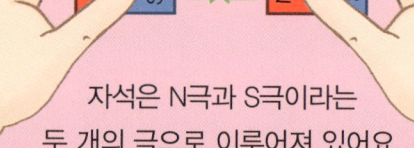

자석은 N극과 S극이라는 두 개의 극으로 이루어져 있어요. 막대자석은 양쪽 끝이, 동전 자석은 위아래 양면이 서로 다른 극이지요.

서로 다른 극끼리 가까이 대면 끌어당겨요. 하지만 같은 극끼리 가까이 대면 밀어내려 해요. 자석 사이에 보이지 않는 푹신한 쿠션이라도 있는 것처럼 말이지요.

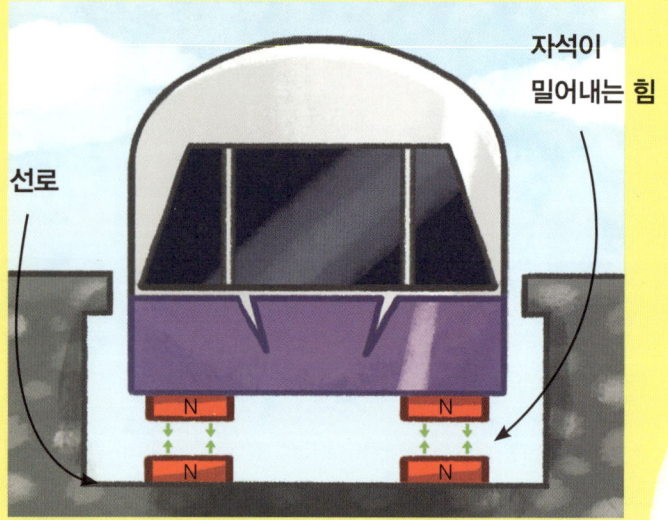

현재 승객을 태우고 달리는 기차 가운데 가장 빠른 것은 중국의 상하이 자기 부상 열차야. 시속 431km까지 달리지.

자기 부상 열차를 만들자

두꺼운 종이와 자석으로 자기 부상 열차 모형을 만들어 보아요. 만약에 아래 나온 재료가 다 있다면, 어떻게 해야 선로를 따라 달리는 자기 부상 열차 모형을 만들 수 있을지 한번 생각해 보세요. 그 모양과 구조를 아래에 그려 보아요.

자기 부상 열차는 자석이 서로 밀어내는 성질 때문에, 선로 위에 가만히 서 있지 못하고 미끄러져 버린다는 점을 기억하세요. 따라서 선로 위에 잡아 두는 장치가 필요하지요.

여기 나온 것 말고도 적당한 재료가 있으면 찾아서 너만의 모형을 만들어 봐.

종이 상자 / 두꺼운 골판지 / 접착제 / 테이프 / 동전 자석

모스 부호

오늘날에는 아주 먼 나라에 있는 사람에게도 전하고 싶은 메시지를 실시간으로 보낼 수 있어요. 하지만 200년 전에는 직접 걸어가거나 말, 마차, 배로 이동해서 메시지를 전달했지요. 그러니 메시지가 전달되는 데 몇 주에서 몇 달씩 걸리기도 했어요.

1830년대에 '전신'이 발명되었어요. 멀리 떨어진 두 지역 사이에 전기 회로를 설치해서 두 지역을 연결해요. 한쪽 끝에서 회로를 연결하면 전기가 흘러요. 그러면 반대쪽 끝에서 버저가 울리거나 빛이 깜박거리지요. 그렇게 해서 거의 실시간으로 신호를 보낼 수 있는 거예요.

자, 이제 먼 곳으로 간단한 신호를 보낼 수 있게 되었어요. 그런데 이 신호를 어떻게 하면 단어와 문장으로 이루어진 메시지로 바꿀 수 있을까요? 1838년, 미국인 새뮤얼 모스가 앨프리드 베일과 함께 점과 선으로 이루어진 부호, 즉 모스 부호를 만들어 냈지요.

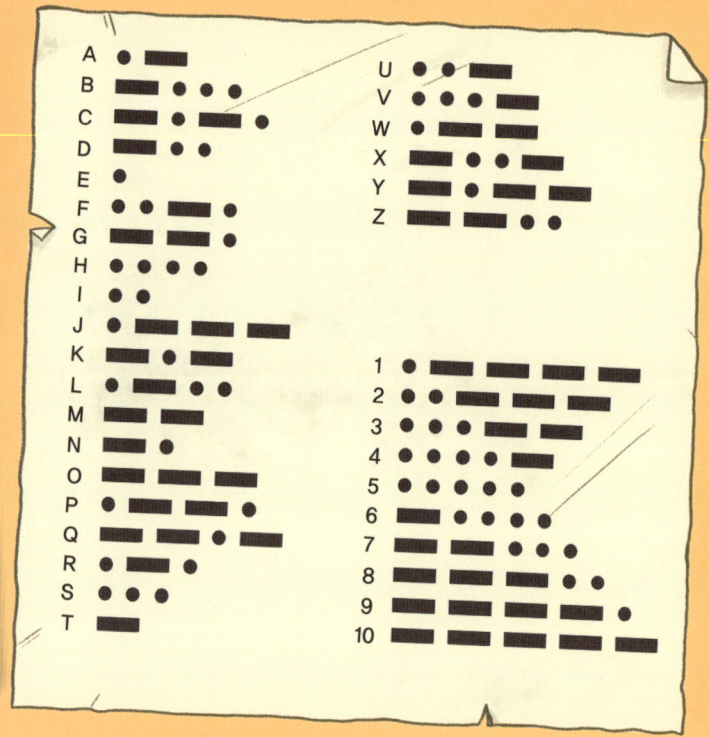

앨프리드 베일은 종이 띠가 풀려 나오면서 점과 선이 기록되는 기계도 발명했어요. 종이 띠에 적힌 점과 선이 어떤 알파벳을 나타내는지 해독해서 글자로 적으면 메시지를 읽을 수 있지요. 아래에 적힌 내용은 새뮤얼 모스가 앨프리드 베일에게 세계 최초로 보낸 모스 부호 메시지랍니다.

"WHAT HATH GOD WROUGHT*

* '신이 행하신 일'이라는 뜻이에요.

모스 부호를 해독해 보자

모스 부호를 이용한 전신은 1844년에 미국에서 처음으로 개통된 뒤로, 얼마 지나지 않아 미국 전역으로, 그리고 전 세계로 퍼져 나갔어요. '19세기의 인터넷'이라고 할 만큼 빠른 속도로 소식이 오가게 되었지요. 한국에도 1885년에 서울과 인천 사이에 처음으로 전신 설비가 놓였고, 곧 한글 모스 부호도 만들어 썼답니다.

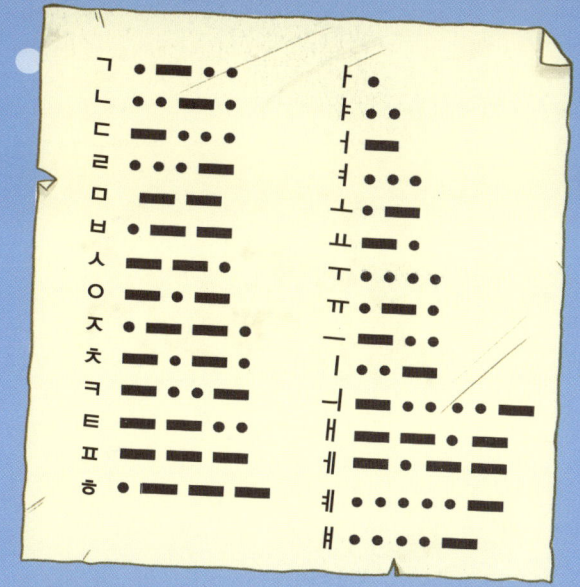

①

위에 있는 한글 모스 부호표와 32쪽 숫자 모스 부호표를 참고해서, ①, ② 두 메시지가 무슨 내용을 담고 있는지 해독해 볼까?

②

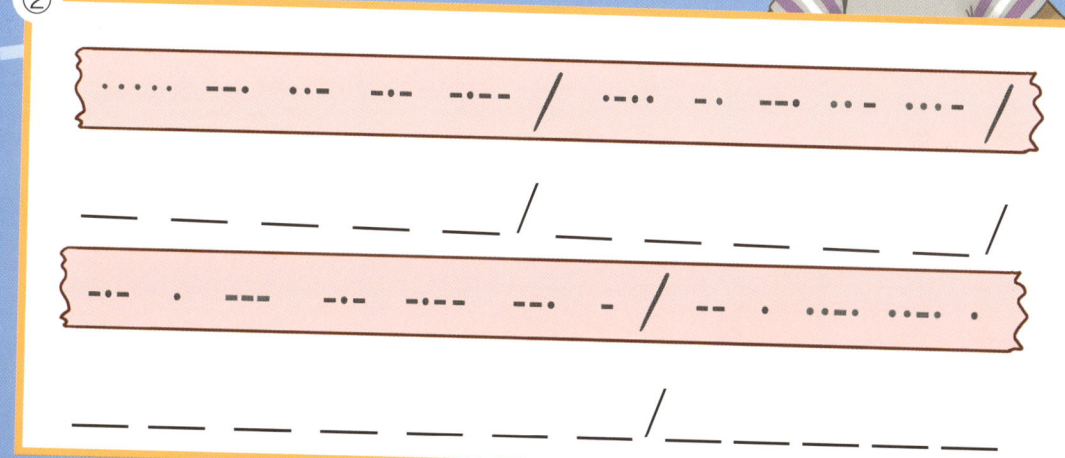

녹음과 재생

우리는 오늘날 원하는 대로 아무 때나 음악을 들을 수 있어요. 음악을 녹음하고 저장하고 재생하는 기술이 발달한 덕분이지요. 이 기술 덕분에 영화와 텔레비전을 볼 때 소리를 들을 수 있고, 오디오북으로 책을 즐기기도 하고, 전화기에 음성 메시지를 남길 수도 있어요.

어떤 물건이 긁히거나 서로 맞부딪히면 진동을 해요. 그러면 그 물건을 둘러싼 공기도 함께 진동하지요. 우리 귀가 공기를 통해 전달된 진동을 감지해서 소리를 들을 수 있어요.

1857년, 프랑스의 인쇄업자 에두아르 레옹 스콧 드 마르탱빌이 '포노토그래프'라는 기계를 발명했어요.

원뿔 모양 통에 모인 소리의 진동이 바늘을 떨리게 해요.

바늘이 움직이면서 검댕을 묻힌 원통에 흔적을 남겼어요.

포노토그래프는 이렇게 소리를 기록하기만 하고 재생하지는 못했어요.

1877년 미국의 발명가 토머스 에디슨이 '축음기(포노그래프)'를 만들었어요. 포노토그래프와 비슷한데, 원통에 검댕 대신 주석 박을 입혔어요.

1. 바늘이 주석 박을 긁어 홈을 내면서 소리의 진동 모양을 저장해요.

2. 또 다른 바늘이 그 홈을 지나가면서 진동해요.

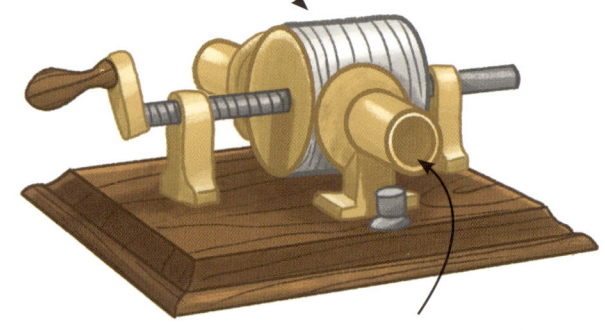

3. 두 번째 바늘의 진동이 진동판을 떨리게 하면서, 우리가 듣는 소리가 만들어져요.

에디슨이 맨 처음 녹음한 노래는 동요 '메리에게는 새끼 양이 있었네'였답니다.

그 뒤로도 소리를 기록하고 재생하는 여러 가지 기술이 발명되었어.

레코드판

카세트테이프

CD

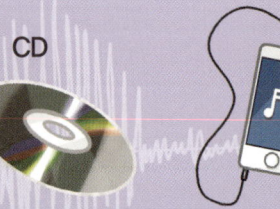
MP3

소리의 모양을 알아맞혀 보자

컴퓨터로도 소리를 녹음하고 재생할 수 있지요. 그뿐만 아니라 오른쪽 그림처럼 소리가 어떤 모양으로 진동하는지 파도 모양 그래프로 나타낼 수도 있어요.

아래의 네 가지 소리가 각각 어떤 그래프로 나타날지 연결해 볼까요?

1. 변기 물 내리는 소리　2. 시계가 째깍째깍 움직이는 소리　3. 바다의 파도 소리　4. 종 울리는 소리

①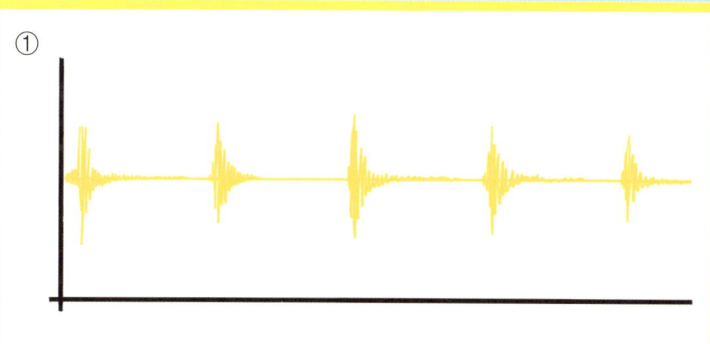

②

③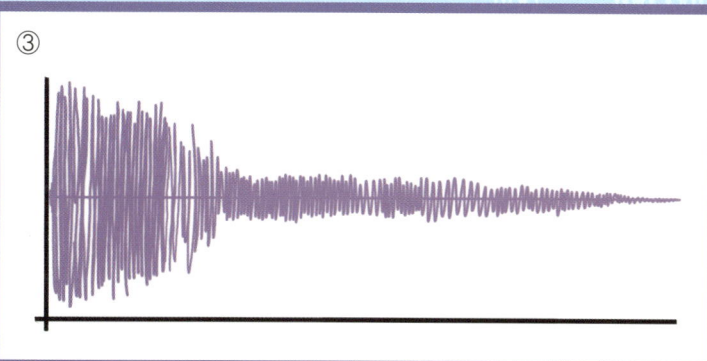

④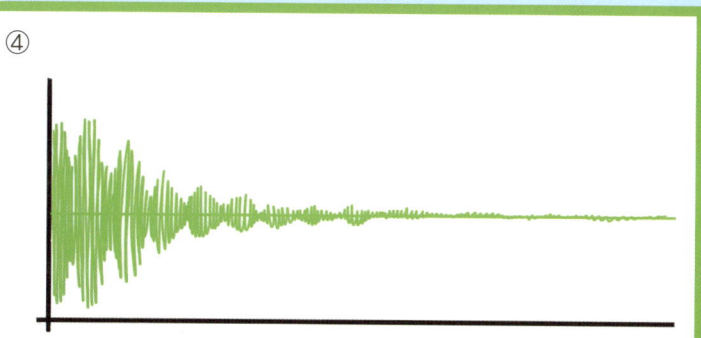

전성관

전화가 발명된 뒤로 아주 멀리 떨어져 있는 사람과 이야기를 나눌 수 있게 되었어요. 그럼 전화가 없었을 때는 어떻게 했을까요? 전화기만큼 먼 곳은 아니라도 조금 떨어져 있는 곳 사이에서 쓸 수 있는 꽤 쓸모 있는 도구가 있었지요. 바로 '전성관'이에요.

잠바티스타 델라 포르타

16세기의 이탈리아 과학자 잠바티스타 델라 포르타는 목소리가 납관을 통해 '수백 걸음' 이동할 수 있다고 적었어요.

장 바티스트 비오

19세기 초에 프랑스 과학자 장 바티스트 비오는 파리의 수도관으로 실험을 했어요. 목소리가 수도관을 통해 950m까지 이동한다는 것을 알아냈지요.

19세기에는 아주 큰 집에도 전성관이 있었어. 주로 집주인이 하인들에게 지시를 내리는 데 쓰였대.

전화기가 없던 시절에 배 안에는 기관실과 다른 공간들이 전성관으로 연결되어 있었어요.

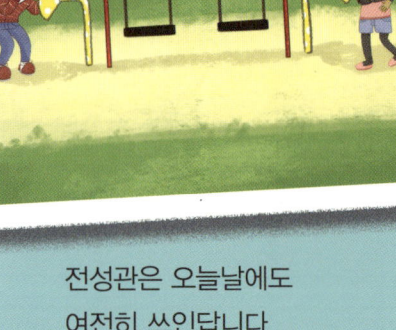

전성관은 오늘날에도 여전히 쓰인답니다. 전성관이 설치된 놀이터를 찾아보세요.

전성관을 만들어 보자

전성관을 만들어 따로 떨어진 두 방에서 이야기를 나누어 보아요. 정원용 호스로 만들거나, 휴지 심 같은 두꺼운 종이 원통 여러 개를 테이프로 붙여서 쓸 수도 있어요.

준비합시다

- 깔때기 2개
- 테이프
- 실이나 전선 정리용 끈
- 물 줄 때 쓰는 긴 비닐 호스. 길이가 5m 넘으면 좋아요.

 전성관을 연결할 때 계단을 가로질러 놓으면 누군가 지나가다 걸려 넘어질 수 있어요. 안전하게 잘 놓였는지 어른에게 확인받도록 해요.

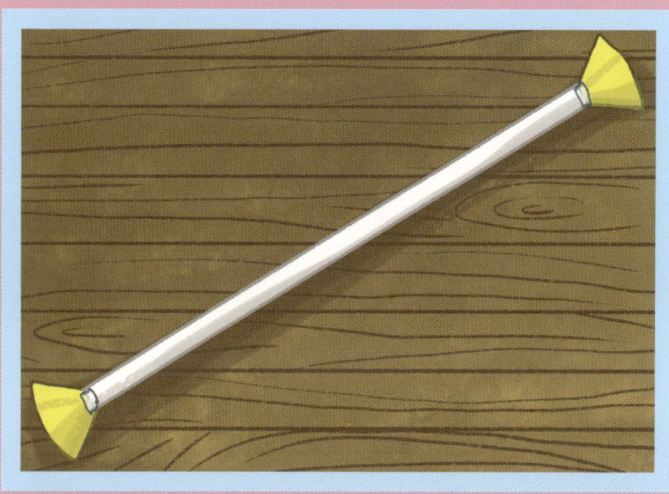

1. 깔때기 2개를 비닐 호스 양쪽 끝에 끼우고 테이프로 단단히 고정해요.

2. 전성관의 양쪽 끝이 각각 다른 방에 있도록 놓아요. 아니면 계단 위아래에 걸쳐지도록 놓을 수도 있어요.

3. 전선 정리용 끈이나 실로 전성관을 옷장 손잡이나 난간 같은 곳에 단단히 묶어요.

4. 친구나 가족과 함께 전성관으로 이야기를 나누어 봐요. 한쪽에서 작은 목소리로 한 말도 반대쪽에 있는 사람에게 잘 들리는지 확인해 보아요.

카메라 오브스쿠라

11세기 무렵, 아라비아의 과학자 아부알리 알하산 이븐알하이삼(알하젠)은 빛으로 실험을 했어요. 커다랗고 어두운 상자 한쪽 면에 바늘구멍을 뚫은 다음, 상자 앞에 양초를 줄줄이 늘어놓았어요. 그러자 상자 안의 바늘구멍 반대쪽 면에 양초 상이 나타났지요. 상자 안에 나타난 양초 상은 위아래도 좌우도 바뀌어 있었어요.

이븐알하이삼은 우리 눈도 똑같은 방식으로 사물을 본다는 걸 알아냈어요.

양쪽 눈알은 자그마한 카메라 오브스쿠라예요.

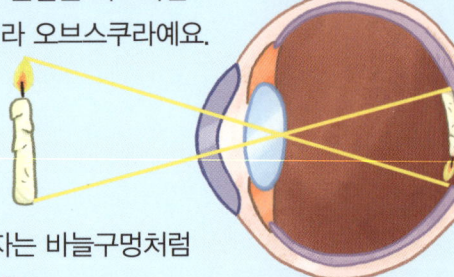

눈동자는 바늘구멍처럼 작동해요.

거꾸로 뒤집힌 상이 눈 뒤쪽에 맺혀요.

이 상자를 '카메라 오브스쿠라'라고 하는데, '어두운 방'이라는 뜻이에요. 이븐알하이삼은 빛이 직선으로 똑바로 나아가며, 바늘구멍을 통과한 빛살은 처음에 출발한 곳에서 정반대쪽에 도착한다는 걸 알아냈지요.

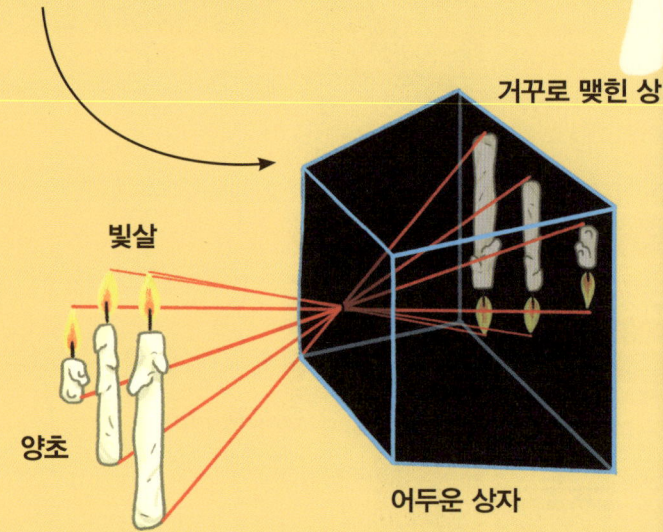

거꾸로 맺힌 상

빛살

양초

어두운 상자

눈알에 맺힌 상에 대한 정보가 우리 뇌에 도착하면, 뇌는 그 상을 다시 원래대로 돌려놔. 그래서 사물들이 거꾸로 보이지 않는 거야!

과학 시간에 만드는 바늘구멍 사진기가 바로 카메라 오브스쿠라를 응용한 거예요. 19세기에 발명된 사진 카메라도 같은 방식으로 작동했어요. 빛에 민감한 필름이나 얇은 판에 상이 맺히게 해서 사진으로 남겼지요.

뒤집힌 모습을 그려 보자

아래의 카메라 오브스쿠라가 옛 도시의 모습을 비추었어요. 상자 안에 어떤 상이 맺힐지, 좌우와 위아래가 거꾸로 뒤집힌 모습을 한번 그려 볼까요?

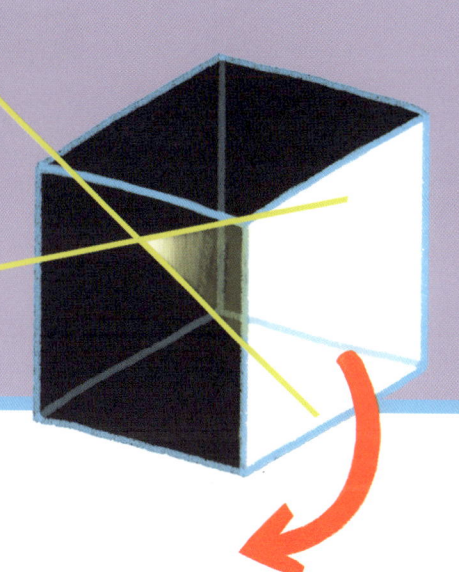

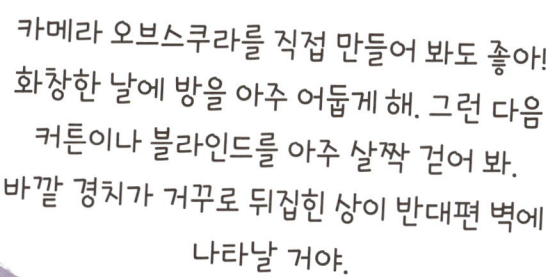

카메라 오브스쿠라를 직접 만들어 봐도 좋아! 화창한 날에 방을 아주 어둡게 해. 그런 다음 커튼이나 블라인드를 아주 살짝 걷어 봐. 바깥 경치가 거꾸로 뒤집힌 상이 반대편 벽에 나타날 거야.

호버크라프트

호버크라프트란 물 위나 땅 위를 닿을락 말락 하게 떠서 나아가는 배예요. 바퀴는 달리지 않았지요. 배 바닥에서 공기를 세차게 아래로 내뿜으면, 그 공기가 쿠션처럼 배를 떠받쳐 주어 살짝 떠 있는 채로 앞으로 나아가는 거예요.

호버크라프트를 만드는 아이디어는 수백 년 전부터 있었어요. 하지만 1950년대가 되어서야 처음으로 영국 기술자인 크리스토퍼 코커럴이 실제 제작에 성공했지요. 코커럴은 평범한 생활용품을 이것저것 모아서 호버크라프트 모형을 만들었어요.

코커럴은 커다란 고양이 사료 깡통에 그보다 살짝 작은 커피 깡통을 넣었어요.

헤어드라이어를 이용해서 바깥쪽 큰 깡통 위에 난 구멍으로 공기를 불어 넣었어요.

최초의 호버크라프트 SR-N1

이렇게 하면 아래쪽으로 움직이는 공기 막이 생겨서 깡통이 들어 올려져요.

그 뒤로 코커럴은 더 큰 모형을 만들다가, 마침내 손더스 로라는 제작자와 함께 SR-N1을 만들었어. 드디어 장거리를 움직이는 실물 크기의 호버크라프트가 만들어진 거야.

호버크라프트는 오늘날 전 세계에서 사용되고 있어요. 이것은 인도에서 해안을 경비하는 호버크라프트예요.

호버크라프트 모형을 만들자

진짜 호버크라프트처럼 움직이는 간단한 모형을 만들어 보아요.

준비합시다

- 오래되어 쓰지 않는 CD나 DVD(집에 없다면 중고품 가게에서 사도 좋아요.)
- 어린이 음료수 병뚜껑
- 강력 접착제나 점토 접착제
- 풍선

1. 어린이 음료수 병뚜껑의 투명 덮개는 치우고, 속뚜껑을 잡아당겨 공기가 틈새로 빠져나갈 수 있도록 해요.

"CD 밑으로 빠져나오는 공기가 호버크라프트 모형을 쿠션처럼 떠받쳐서, 쉽게 미끄러지듯 앞으로 나아가지."

2. 접착제로 CD의 가운데 구멍 위에 병뚜껑을 단단히 붙여요. 틈이 없는지 잘 살펴요. 점토 접착제를 길게 말아서 붙여도 좋아요.

3. 풍선을 불어서 바람이 빠져나가지 않게 꼭 쥔 다음 병뚜껑 위에 씌워요. 완성된 호버크라프트 모형을 매끄러운 표면에 놓아 움직이게 해요.

안경

사람의 몸은 정말 놀랍다고 느껴질 때가 많지요. 하지만 완벽하지는 않아요. 점점 기능이 떨어지는 기관도 있는데, 그중 가장 흔히 문제가 생기는 곳이 바로 눈이에요.

안경이 없던 때는 글을 읽을 때 투명한 돌멩이를 이용하기도 했어요. 주로 유리 만들 때 쓰는 석영으로 되어 있었는데, 바닥은 납작하고 위쪽은 볼록하게 생겼지요.

이 투명한 돌멩이는 돋보기처럼 글자를 확대해 주어, 눈이 나쁜 사람도 좀 더 편하게 글을 읽을 수 있었어요.

안경은 1290년쯤에 이탈리아에서 처음 나타났어요. 맨 처음 안경은 독서용 투명 돌 두 개를 틀에 끼워서 만들었지요.

1350년대부터 안경 쓴 사람들이 초상화에 등장했어요. 그중 가장 오래된 그림이 왼쪽에 있는 〈위고 대주교의 초상화〉예요.

1400년대에 이르러 렌즈 제작자들은 눈의 상태에 맞춘 다양한 안경을 만드는 방법을 알아냈어요.

시력이 좋은 사람의 눈에서는 눈 뒤쪽의 망막에 상이 맺혀요.

근시 눈에서는 망막 앞쪽에 상이 맺혀요.

원시 눈에서는 망막 뒤쪽에 상이 맺혀요.

안경의 렌즈는 빛을 구부려서 상이 제자리에 맺히도록 해 줘요.

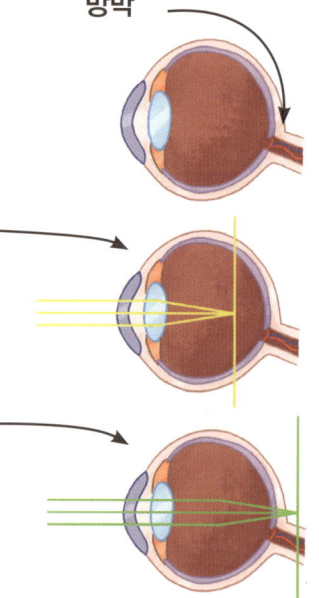

세계 전체 인구에서 시력이 심각하게 나쁜 사람은 16%나 되고, 절반 넘는 사람들이 안경을 써야 한대!

안경의 역사를 알아보자

사람들은 오랜 옛날부터 나빠진 시력을 보충하는 멋진 방법을 생각해 냈어요.
이 발명품들을 시간 순서대로 올바르게 늘어놓아 볼까요?

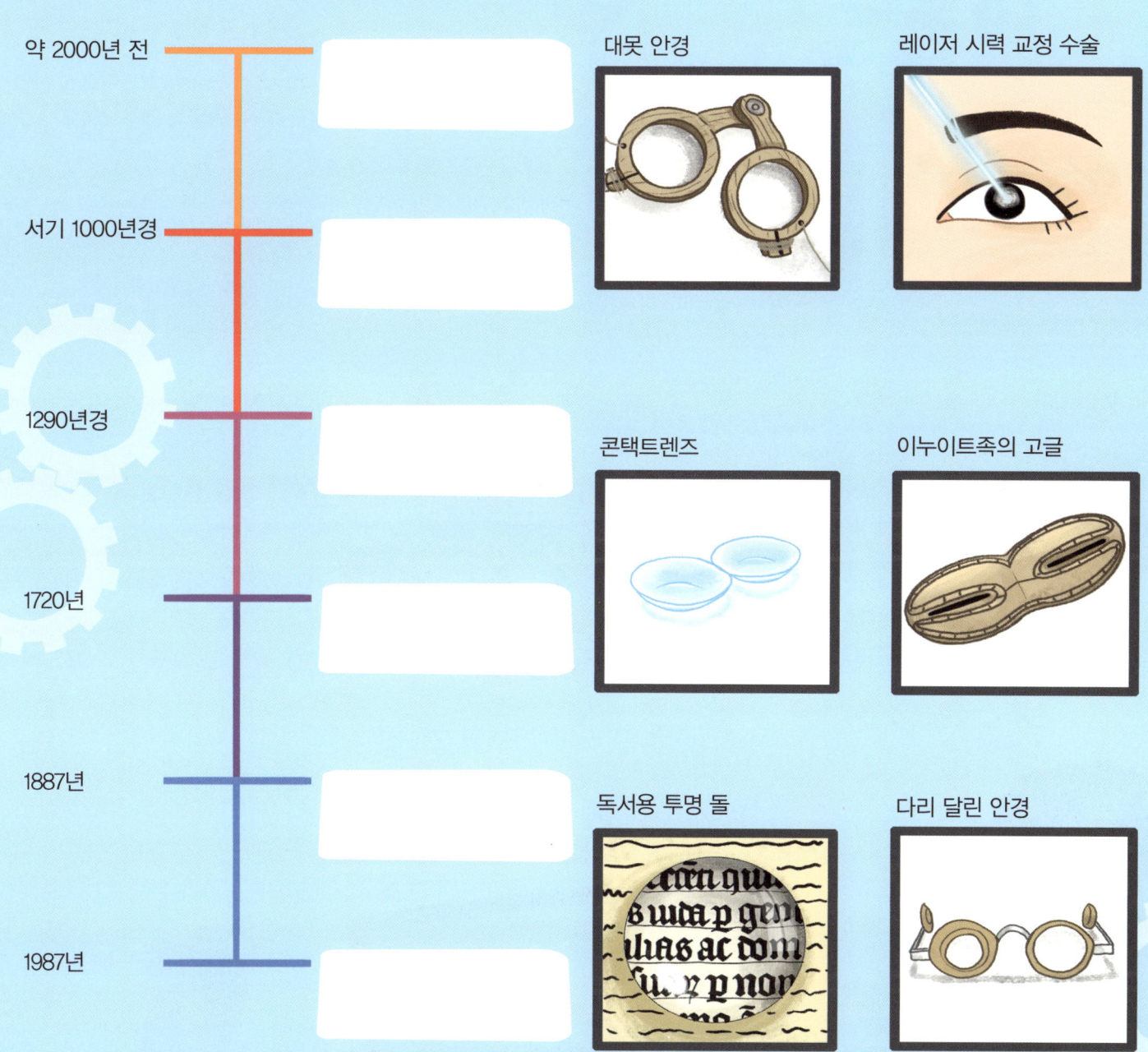

컴퓨터 마우스

컴퓨터가 처음 나왔을 때는, 원하는 대로 작동하려면 '명령줄'이라는 특별한 지시문을 직접 자판으로 입력해야 했어요. 보통 사람이 명령줄을 알기는 어렵고, 컴퓨터 전문가들이나 쓸 줄 알았지요.

1960년대에 컴퓨터 공학자 더글러스 엥겔바트는 어떻게 하면 모든 사람이 컴퓨터를 더 쉽게 쓸 수 있을지 연구했어요.

그래서 엥겔바트는 오른쪽처럼 생긴 장치를 발명하고 '디스플레이 화면의 X-Y 위치 표시기'라고 이름 붙였어요.

전선
몸통은 나무로 만들었고, 컴퓨터와 연결하는 전선이 달려 있었어요.

바퀴
안에는 앞뒤로, 양옆으로 구르는 바퀴가 두 개 있어서, 책상 위에 놓고 이리저리 움직일 수 있었지요.

이 장치는 '쥐'라는 뜻의 '마우스'라는 별명이 붙었어. 뒤에 달린 전선이 꼭 쥐 꼬리처럼 생겨서였지. 그러다 마우스라는 이름으로 자리 잡았대.

마우스에 이어서 손으로 직접 눌러 작동하는 터치패드, 터치스크린 같은 장치가 발명되었어.

마우스가 나오면서 컴퓨터 사용 방법이 달라졌어요. 명령줄을 입력하는 대신 '그래픽 사용자 인터페이스(GUI)'에서 원하는 것을 선택하는 방식이 되었지요. 마우스로 화면에 있는 아이콘이나 여러 메뉴를 누르는 것처럼 말이에요. 이렇게 해서 누구나 집에서 편히 쓸 수 있는 컴퓨터의 기초가 마련되었어요.

마우스 커서의 위치를 찾아보자

엥겔바트가 만든 마우스는 화면을 X(가로)와 Y(세로) 선이 있는 격자판으로 나누어 작동했어요.

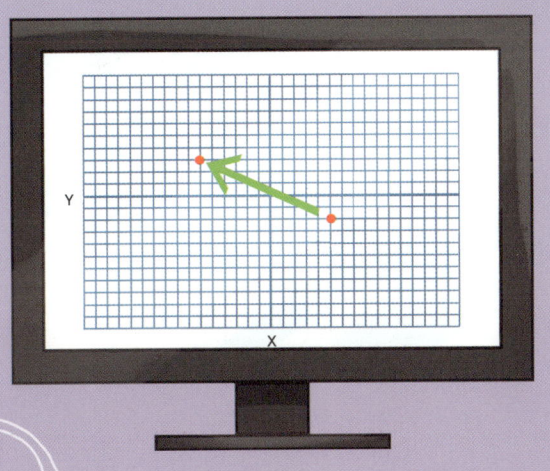

마우스를 움직이면 컴퓨터가 커서를 격자판의 어떤 자리에서 다른 자리로 이동하라고 지시해요.

아래의 좌표대로 마우스 커서 위치를 화면에 표시해 봐. 어떤 그림이 나올까?

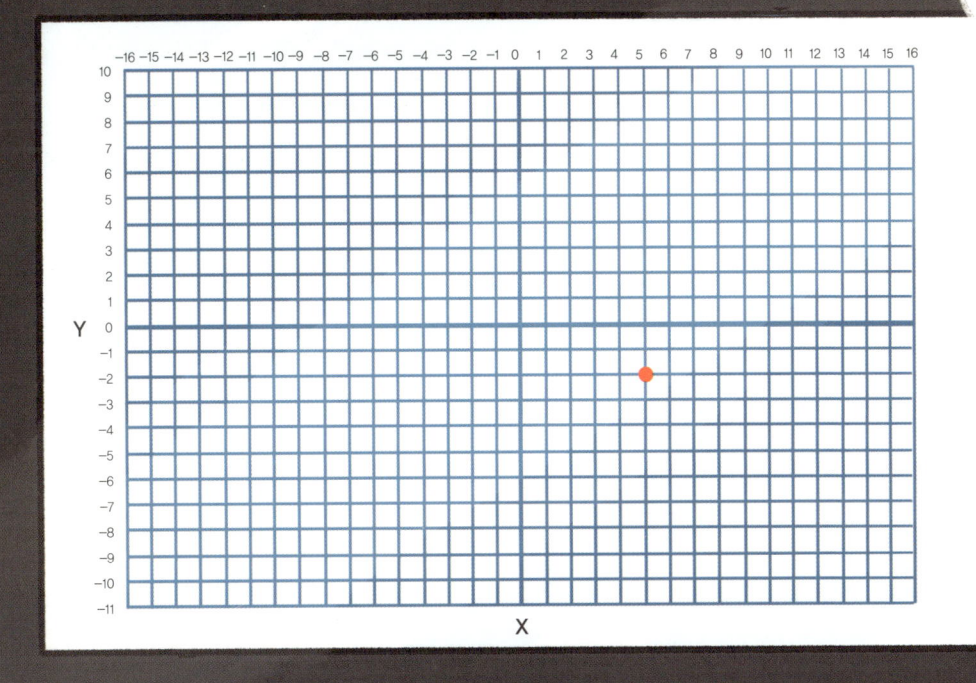

X = 5 / Y = −2
X = 4 / Y = −3
X = 2 / Y = −4
X = 0 / Y = −4
X = −2 / Y = −4
X = −4 / Y = −3
X = −5 / Y = −2
X = 0 / Y = 0
X = −4 / Y = 5
X = 4 / Y = 5

프로그래밍 언어

컴퓨터를 원하는 대로 작동하려면 소프트웨어 또는 프로그램이 필요해요. 소프트웨어는 특별한 프로그래밍 언어로 만들어지지요.

1830년대에 영국의 수학자 찰스 배비지가 '해석 기관'이라는 자동 계산기를 생각해 냈어요. 컴퓨터가 만들어지기 100년 전의 일이었지요.

찰스 배비지와 함께 일하던 에이다 러블레이스는 구멍 뚫린 카드로 해석 기관에 지시를 내릴 수 있다는 것을 알아냈어요. 최초의 컴퓨터 프로그램을 생각해 낸 거예요.

배비지와 러블레이스는 끝내 컴퓨터를 완성하지 못했어요. 하지만 이들이 닦아 놓은 기초 위에서 다른 사람들이 발명을 이어 갈 수 있었지요.

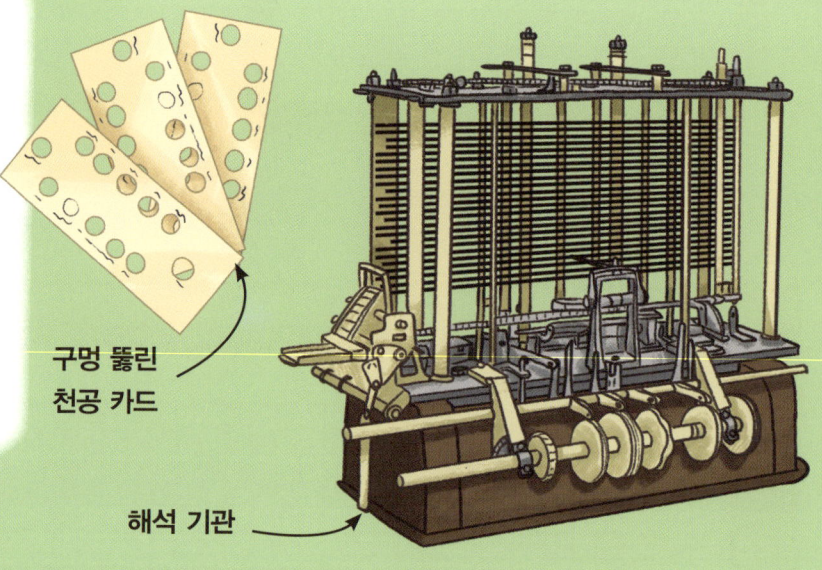

구멍 뚫린 천공 카드

해석 기관

1940년대와 1950년대에 전자 컴퓨터가 발명되었어요. 컴퓨터는 0과 1로만 이루어진 이진 부호로 정보를 계산하고 저장해요.

사람이 이진 부호를 직접 적어서 컴퓨터에 지시를 내리기란 무척 어려워요. 그래서 프로그래밍 언어가 필요하지요. 사람들에게 좀 더 익숙한 문자와 기호로 컴퓨터 소프트웨어를 만드는 방법이에요.

'베이식(BASIC)'이라는 프로그래밍 언어

```
110  IF (N < 20)
     THEN GOTO 50
```

프로그램을 짜 보자

프로그래밍 언어는 여러 가지 명령어가 줄줄이 나열된 명령줄로 이루어져 있어요. 컴퓨터는 명령어가 지시하는 대로 따르지요. 아래는 아주 간단한 예시입니다.

1. CLS → 화면을 깨끗이 지워라(clear)
2. Print "Hello!" → 화면에 Hello!라고 띄워라
3. End → 프로그램을 닫아라

친구와 함께 몸으로 하는 프로그래밍 언어 놀이를 해 보아요. 몇 가지 명령어로 프로그램을 짜서, 친구에게 옆방에 가서 무얼 가져오도록 하는 것처럼 간단한 동작을 시켜 보는 거예요.

이런 명령어를 써 보는 거야.
1. 자리에서 일어서라
2. 오른쪽으로 돌아라
3. 다섯 걸음 앞으로 나아가라

불꽃놀이

전해 내려오는 이야기에 따르면 중국 사람들은 영원히 살 수 있는 묘약을 만들려고 여러 가지 약품을 섞어 보았다고 해요. 그런 약은 만들지 못했지만, 그 대신 아주 멋진 물건을 발명했어요. 바로 불꽃놀이, 폭죽이랍니다!

약 1200년 전, 중국인들은 어떤 혼합 약품에 불꽃이 닿으면 폭발한다는 것을 알아냈어요.

이 약품 가루를 대나무나 종이 통에 넣은 다음 불을 붙이면, 위로 치솟아 올라 펑 터지면서 밝은 빛을 냈지요. '폭죽'이라는 이름도 '폭발하는 대나무 통'이란 뜻이랍니다.

폭죽을 만드는 기술은 곧 전 세계로 퍼져 나갔어요. 곳곳에서 다른 약품을 섞어 실험하며 멋진 불꽃을 만들었지요. 예를 들어 약품에 구리를 섞으면 푸른 불꽃이 터져 나와요.

오늘날에도 결혼식이나 축제, 새해맞이 같은 축하 행사에서 불꽃놀이를 자주 사용하지.

차가운 폭죽을 만들자

폭죽은 뜨거운 내용물이 세차게 튀어 올라오므로 거기에 맞으면 아주 위험해요. 그래서 진짜 폭죽으로 실험하기는 어려우니, 집 안에서 안전하게 즐길 수 있는 차가운 폭죽을 만들어 실험해 봐요.

준비합시다
- 가위
- 테이프
- 화장지
- 반짝이 스팽글
- 휴지 심
- 풍선
- 주름 빨대

빨대 로켓 만들기

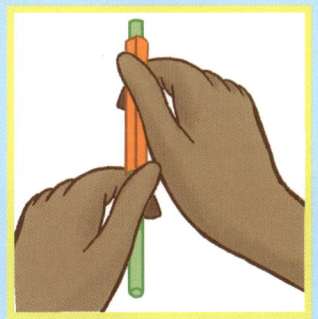
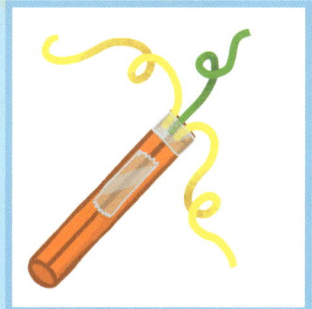

1. 주름 빨대를 작은 종이로 감싸요. 그런 다음 테이프를 붙여 빨대보다 살짝 폭이 넓은 종이 관을 만들어요.

2. 종이 관의 한쪽 끝을 접어 테이프로 붙여요. 화장지를 가늘고 길게 자른 뒤, 종이 관의 막힌 부분에 테이프로 붙여요.

3. 완성된 로켓을 주름 빨대의 긴 쪽에 끼워요. 짧은 쪽에 입을 대고 힘껏 불어서 로켓을 날려 보아요.

반짝이는 폭죽 만들기

1. 풍선에 바람을 불지 않은 채로 입구를 묶고 윗부분을 잘라 내요.

2. 남은 풍선을 휴지 심에 끼운 다음, 테이프로 단단히 붙여요.

3. 잘게 자른 화장지 조각이나 반짝이 스팽글을 휴지 심 안에 넣어요. 휴지 심을 꼭 잡고 풍선을 아래로 잡아당겼다 탁 놓아요.

나침반

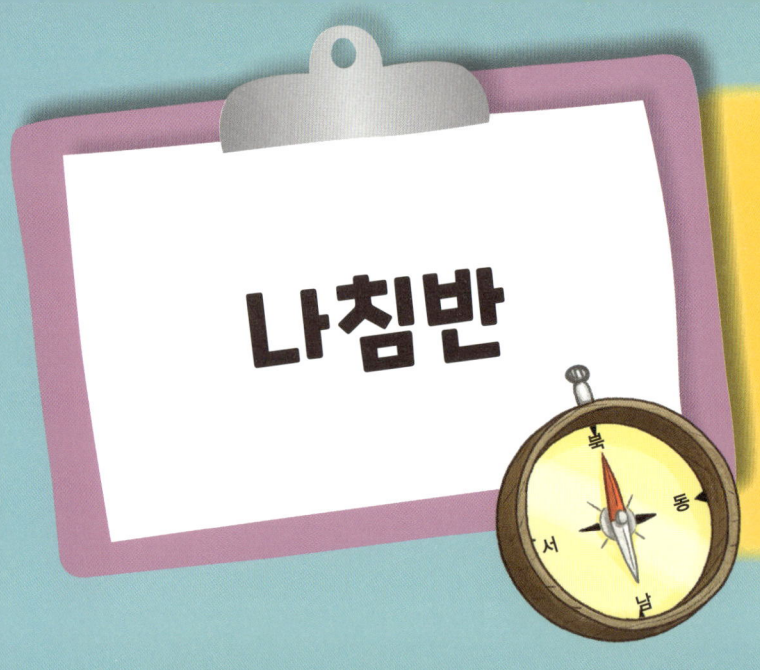

지금 내가 걸어가는 방향이 동쪽일까, 서쪽일까, 남쪽일까, 북쪽일까? 방향을 알려면 나침반을 보면 돼요. 나침반이 작동하는 데는 전기가 필요 없어요. 자성을 띤 바늘이 맘대로 움직이도록, 평평한 곳에 가만히 두기만 하면 돼요. 그러면 나침반의 빨간 바늘은 언제나 북쪽을 가리키지요.

나침반은 약 2000년 전에 고대 중국에서 발명되었어요. 맨 처음 나침반은 천연 자석인 '자철석'으로 만들었어요.

이 초기의 자철석 나침반은 국자 모양으로 생겼어요. 스스로 쉽게 균형을 잡고 회전할 수 있는 모양으로 만든 거예요. 남쪽을 가리킨다는 뜻으로 '사남'이라는 이름이 붙었어요.

고대 중국인들은 주로 건물을 지을 때 주변 환경과 잘 어우러지는 방향을 찾기 위해 나침반을 사용했어요. 그러다 나침반이 점점 널리 퍼지면서, 뱃사람들이 바다에서 길을 찾는 데 나침반을 쓰기 시작했어요. 그러면서 여러 가지 모양의 나침반이 개발되었지요.

물에 가벼운 플라스틱 뚜껑을 띄우고 그 위에 막대자석을 올려놓으면, 서서히 움직여서 남북을 가리키게 돼.

나침반 바늘이 북쪽을 가리키는 이유는, 지구 자체가 아주 큰 자석이고 북극과 남극이라는 자극이 있기 때문이에요. 지구의 자전축에 있는 지리적인 북극, 남극과 매우 비슷하지요.

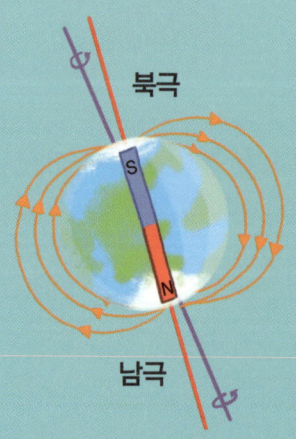

북극

남극

나침반으로 보물섬을 찾아보자

아래 지도에 그려진 섬 가운데 어딘가에 보물 상자가 묻혀 있대요. 과연 어느 곳일까요?
깃발이 꽂힌 해적항에서 출발해서 나침반의 지시에 따라 움직여 보세요. 자를 대고 거리를 재면 된답니다.

1cm=1km

 1. 해적항에서 배를 타고 동쪽으로 6km 항해해요.

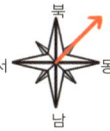 2. 북동쪽으로 방향을 바꾼 뒤, 육지에 닿을 때까지 항해해요.

 3. 북쪽으로 1km 걸어가요.

 4. 서쪽으로 방향을 바꾼 뒤, 바다에 닿을 때까지 걸어가요.

 5. 배를 타고 서쪽으로 다른 섬에 닿을 때까지 항해해요.

 6. 배를 북쪽으로 돌려 육지에 도착할 때까지 항해해요. 여기가 바로 보물이 묻혀 있는 곳이에요.

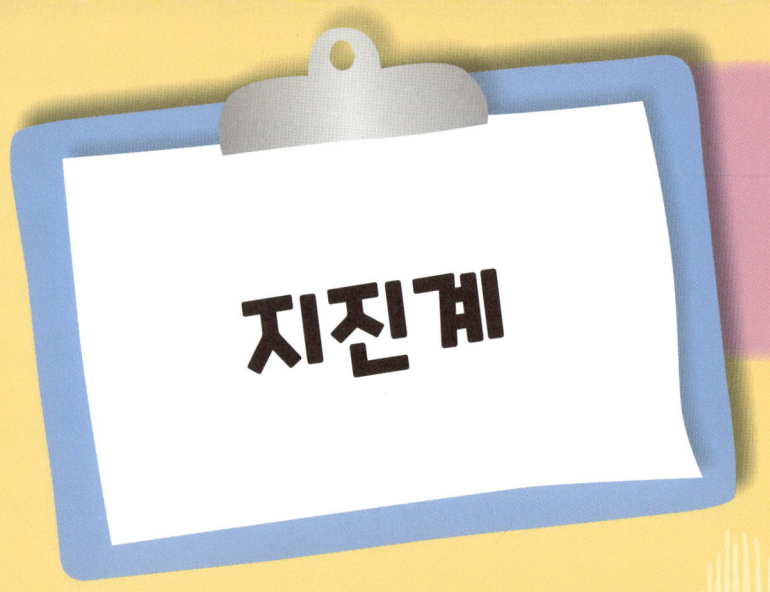
지진계

큰 지진이 일어나기 전에는 종종 '전진'이라는 작은 지진이 여러 번 일어나기도 해요. 전진을 미리 알아차리면 수많은 목숨을 구할 수 있지요.

서기 132년에 중국의 과학자 장형은 세계 최초의 지진계인 '후풍지동의'를 발명했어요. 커다란 청동 항아리 둘레에는 입에 구슬을 문 용 여덟 마리가 장식되어 있었지요. 지진이 일어나면 용의 입이 벌어지면서 구슬이 아래쪽에 입을 벌리고 있는 두꺼비에게로 떨어졌어요.

1751년 이탈리아의 안드레아 비나가 발명한 지진계는 무거운 추를 매달아 땅이 흔들리는 것을 알아냈어요. 줄에 매달아 둔 추 밑으로 튀어나온 바늘이 모래 그릇에 닿아 있었지요.

지진이 일어나면 추가 움직이면서 모래에 흔적을 남겨요.

모래에 그려진 흔적이 클수록 진동이 컸다는 뜻이에요.

1800년대에 이르러 지질학자들은 더 정교한 지진계를 발명했어요. 움직이는 종이에 선을 그어서 지진의 강도를 기록하게 되었지요.

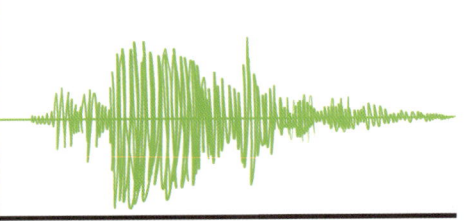

이것은 2011년에 일어난 동일본 대지진 때의 지진계 기록이야.

지진계를 만들어 보자

추가 달린 지진계를 만들어 어떻게 작동하는지 실험해 보아요.
함께 실험할 친구가 필요해요. 지진을 일으켜 줘야 하거든요!

준비합시다

- 커다란 종이 상자
- 실이나 끈
- 가위
- 테이프
- 종이컵
- 동전이나 조약돌, 구슬
- 사인펜
- 종이
- 함께 실험할 친구

1. 종이컵 바닥에 구멍을 뚫은 다음, 컵 안에 사인펜을 넣어 심이 구멍 밖으로 나오도록 해요.

2. 종이컵이 묵직해지고 사인펜이 고정되도록, 컵에 동전이나 조약돌, 구슬을 반쯤 채워 넣어요.

3. 실을 길게 자른 뒤, 뚜껑이 없는 종이 상자를 옆으로 세우고 구멍 두 개를 뚫어서 아래 그림처럼 실을 꿰어요.

4. 실 양쪽 끝을 종이컵 가장자리에 테이프로 붙여요. 이때 사인펜이 상자 바닥 바로 위에 오도록 실 길이를 조정해요.

5. 상자 아래쪽 양옆에, 사인펜의 심이 닿을 만한 자리에 길게 칼집을 내요.

6. 종이를 칼집에 들어갈 만한 너비로 길게 잘라 붙여 종이 띠를 만든 다음, 양쪽 칼집에 통과시켜 사인펜 끝이 종이에 닿도록 해요.

한 사람이 책상을 살살 흔드는 동안, 다른 한 사람은 종이 띠를 끌어당기면서 어떤 모양이 그려지는지 살펴보면 돼.

지렛대

지레 또는 지렛대는 아주 간단한 도구로, 오랜 옛날부터 널리 쓰였어요. 지렛대는 위대한 발명품에서 중요한 부분을 차지하기도 하지요.

지렛대는 받침점을 중심으로 물체를 움직이는 막대기예요. 시소는 지레의 대표적인 예시예요.

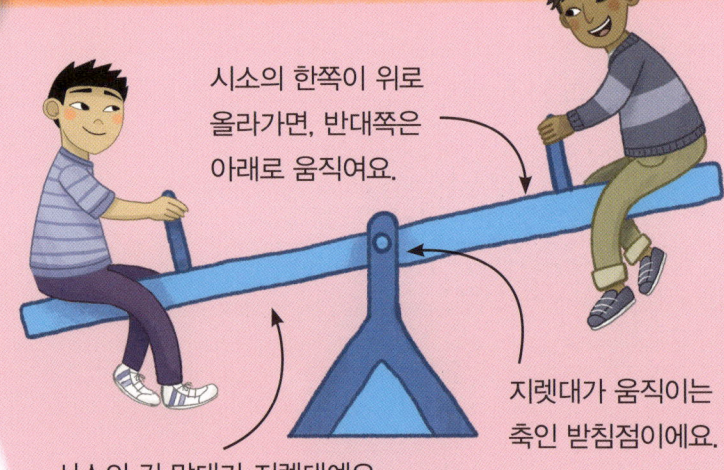

시소의 한쪽이 위로 올라가면, 반대쪽은 아래로 움직여요.

시소의 긴 막대가 지렛대예요.

지렛대가 움직이는 축인 받침점이에요.

지렛대를 쓰면 어떤 일을 할 때 들이는 힘을 줄일 수 있어요. 예를 들어 숟가락 손잡이로 그릇 뚜껑을 여는 것도 지렛대의 원리를 이용하는 거예요.

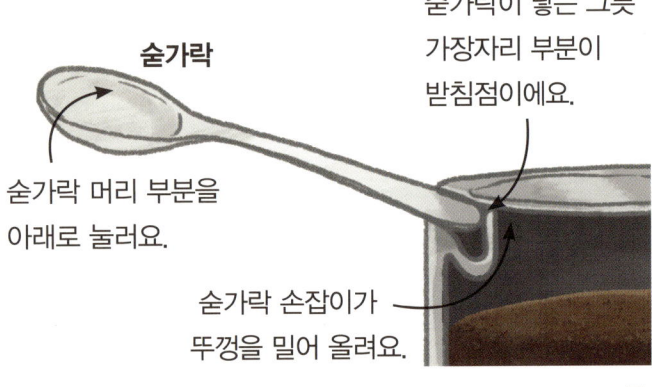

숟가락

숟가락이 닿는 그릇 가장자리 부분이 받침점이에요.

숟가락 머리 부분을 아래로 눌러요.

숟가락 손잡이가 뚜껑을 밀어 올려요.

그릇

위의 경우에는 받침점이 한쪽 끝에 있으므로, 숟가락 머리 부분이 손잡이 부분보다 더 많이 움직여요. 하지만 양쪽이 가진 에너지의 양은 같으므로, 숟가락 손잡이 부분이 더 세게 뚜껑을 밀어내어 뚜껑이 열리는 거예요.

우리가 평소에 쓰는 물건 중에도, 아래 예시처럼 지렛대를 이용한 것들이 아주 많아요.

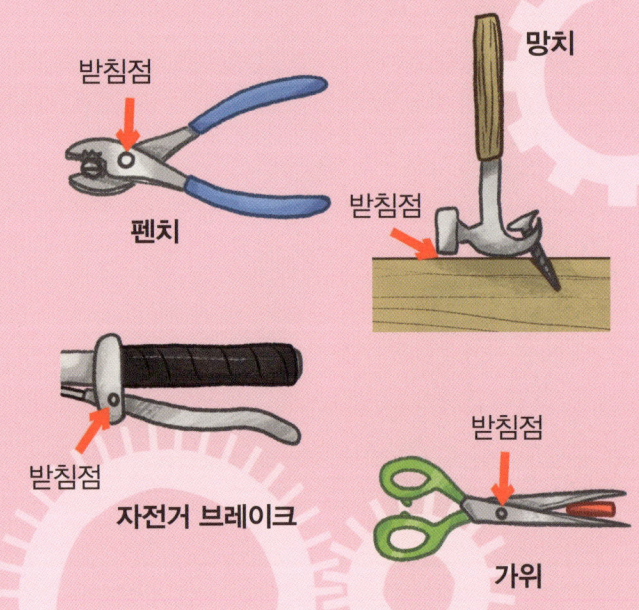

받침점

펜치

받침점

망치

받침점

자전거 브레이크

받침점

가위

장난감 투석기를 만들자

지렛대는 전쟁에도 쓰였답니다. 서양 중세 시대에 큰 돌을 성으로 쏘아 던지던 투석기가 바로 지렛대를 이용한 기구예요. 위험하지 않은 장난감 투석기를 만들어 보아요.

준비합시다
- 나무 숟가락이나 플라스틱 숟가락
- 연필
- 연필 길이보다 폭이 좁은 종이 상자
- 가위
- 테이프
- 고무 밴드
- 클립
- 작고 가벼운 솜이나 휴지, 종이 뭉치

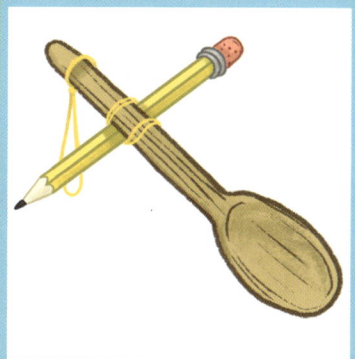

1. 숟가락에 연필을 가로놓고 그림처럼 고무 밴드 여러 개로 고정해요. 숟가락 손잡이 끝에 고무 밴드를 묶어요.

2. 그림처럼 두 면을 잘라 낸 작은 종이 상자의 양옆에 구멍을 뚫고 연필을 꿰어요. 이제 숟가락 손잡이에 묶은 고무 밴드가 닿는 상자 바닥 부분에 작은 구멍을 뚫어요.

3. 숟가락 손잡이에 묶은 고무 밴드를 구멍 밖으로 빼내요. 상자 밖으로 나온 고무 밴드 부분에 클립을 끼우고 테이프로 붙여서 고정해요.

4. 이제 완성된 투석기를 써 볼까요? 숟가락 머리 부분을 아래로 내리고 휴지나 종이 뭉치를 그 위에 올려놓아요. 자, 이제 손을 놓아 보세요!

간단한 장난감이지만 진짜와 비슷하게 잘 쏘아지지? 목표점을 정해 놓고 맞히는 놀이를 하면 더 재미있을 거야.

인공 팔다리

사고나 병으로 팔다리를 잃은 사람은 인공 팔다리를 쓰기도 해요. '의수족'이나 '인공사지'라고도 하지요.

아주 오랜 옛날부터 사람들은 의수족을 만들어 썼어요. 특히 전쟁으로 팔다리를 잃은 사람들에게 의수족은 아주 중요했지요.

로마 장군 마르쿠스 세르기우스는 어느 전투에서 한쪽 팔을 잃자, 무쇠 팔을 만들어 끼웠어요. 세르기우스는 무쇠 팔로 방패를 잡고 전쟁터로 돌아갔지요.

덴마크의 천문학자 튀코 브라헤는 1566년에 결투를 하다 코를 잃었어요. 그래서 금속으로 만든 코를 붙이고 다녔지요.

오늘날에는 진짜 몸의 일부처럼 자연스럽게 쓸 수 있는 의수족을 개발했어요. 의수족의 기본 원리는 줄을 잡아당겨서 어떤 부분을 구부릴 수 있도록 하는 거예요. 우리 몸도 사실 그런 식으로 움직이지요.

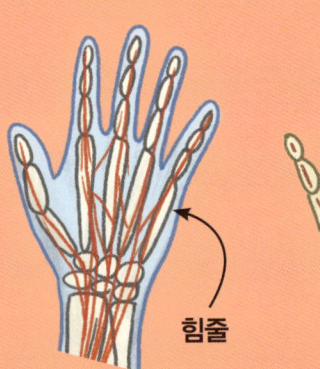

힘줄

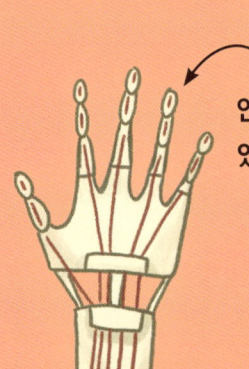

인공 힘줄이 있는 로봇 의수

진짜 손에서는 힘줄이라는 줄이 손가락을 잡아당겼다 놓았다 하며 움직여요.

16세기에 활동한 해적 프랑수아 르 클레르는 의족 때문에 '나무다리'라는 별명으로 악명을 떨쳤어.

손가락 모형을 만들자

구부러지는 손가락 모형을 만들어 보아요.

준비합시다
- 빨대
- 끈
- 가위
- 테이프

1. 가위로 빨대의 세 부분에 세모 모양 홈을 내요. 2~3cm 간격으로, 한 줄로 나란히 홈이 파이도록 해요.

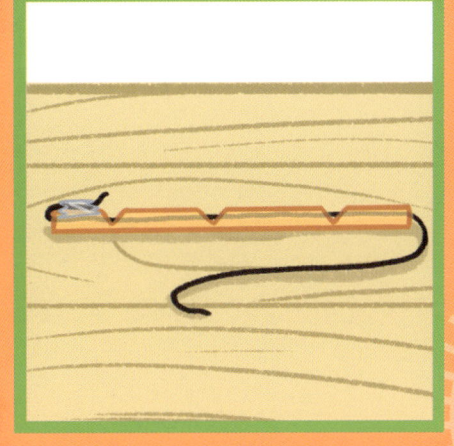

2. 끈을 빨대보다 5cm 정도 더 길게 자른 다음, 빨대에 꿰어요.

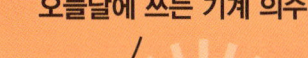

오늘날에 쓰는 기계 의수

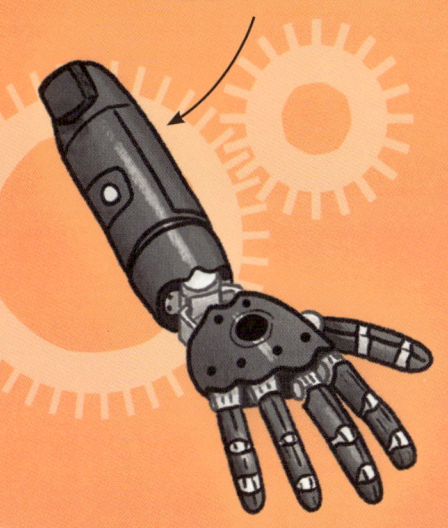

3. 끈의 한쪽 끝을 빨대 위쪽 끝에 테이프로 잘 붙여요. 빨대의 아래쪽 끝을 잡고 끈을 잡아당겨 구부려 보아요.

같은 방법으로 이런 것도 만들어 볼 수 있어.
- 손가락 다섯 개가 다 있는 손
- 움직이는 발
- 문어도 만들 수 있을까?

깜짝 퀴즈

책 내용을 집중해서 잘 읽었나요?
다음 문제를 풀면서 이 책을 통해 알게 된 발명 지식이 얼마나 되는지 확인해 보아요.

1. 아래의 발명품들을 발명된 순서대로 적어 보세요.

    현미경
    호버크라프트
    안경
    전기 기타
    컴퓨터 마우스
    구텐베르크의 금속 활자

2. 빨간색 톱니바퀴가 1분에 10바퀴 돌아가면, 초록색 톱니바퀴는 1분에 몇 번 돌까요? 5번일까요, 20번일까요?

3. 아래 그림은 무엇에 쓰던 발명품일까요?

4. 다음 문장은 참일까요, 거짓일까요? "현미경이 발명되기 전에는 세균에 관해 알지 못했어요."

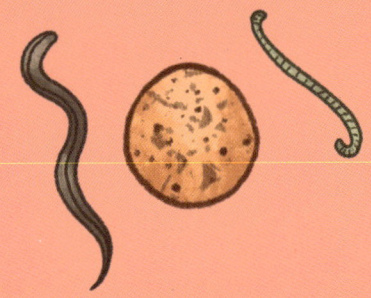

5. 엑스(X)선은 왜 이런 이름이 붙었을까요?
   ① 엑스선을 발견한 사람의 이름이 '레이 엑스'였어요.
   ② 처음 발견한 사람도 너무 신기하고 정체를 알 수 없어서, 뭐라고 이름 붙여야 할지 몰라 그렇게 붙였어요.
   ③ 처음 엑스선 사진을 찍었을 때, 벽에 X 모양이 나타났어요.

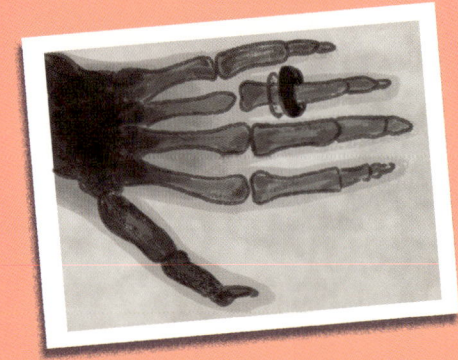

6. 진짜 비행기와 대나무로 만든 도르래 장난감, 그리고 현대식 글라이더와 헬리콥터는 어떤 차이가 있을까요? 오른쪽 표의 해당하는 칸에 표시해 보세요.

7. 두 자석은 서로 잡아당기거나 밀어내요. 자기 부상 열차는 그중 어떤 힘을 이용한 걸까요?

8. 펜치에 더 큰 힘을 주려면, 손잡이 위쪽을 잡는 게 좋을까요, 아래쪽을 잡는 게 좋을까요?

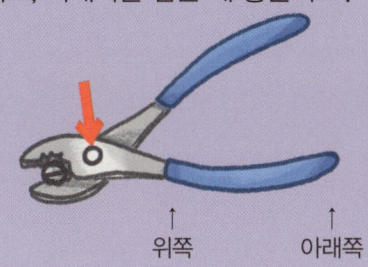

↑ 위쪽　　↑ 아래쪽

9. 다음 문장은 참일까요, 거짓일까요? "지진은 전기가 발명되고 나서야 비로소 미리 예측할 수 있게 되었어요."

10. 아래 목록 가운데 나침반을 만들 때 필요한 것을 모두 골라 보세요.

① 지도
② 막대자석
③ 추
④ 물이 담긴 대야
⑤ 물에 뜨는 플라스틱 뚜껑
⑥ 종이 상자
⑦ 햇빛

아래에 답을 다 적은 다음, 61쪽에 있는 정답과 비교해 보세요.

1. --

2. --

3. --

4. --

5. --

6.

	공기보다 무겁다	조종할 수 있다	엔진이 있다	오래 날 수 있다
비행기	☻	☻	☻	☻
도르래				
현대식 글라이더				
헬리콥터				

7. --

8. --

9. --

10. --

정답과 풀이

7쪽
⑤ - ④ - ① - ③ - ②

9쪽. 마지막 톱니바퀴는 시계 방향으로 움직이므로, 계기판의 바늘이 아래쪽을 가리켜요.

15쪽

노란 옷 여자아이 : ②
초록 옷 남자아이 : ①
빨간 옷 여자아이 : ③

21쪽
1 = ③, 2 = ⑤, 3 = ①, 4 = ②, 5 = ④

23쪽

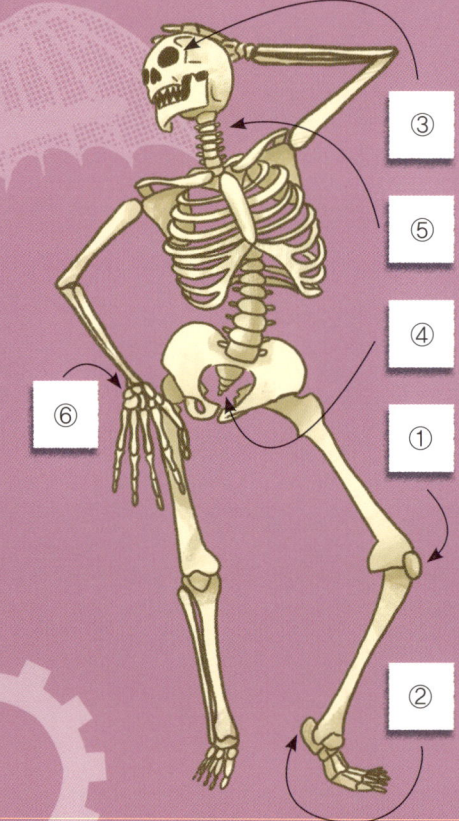

27쪽

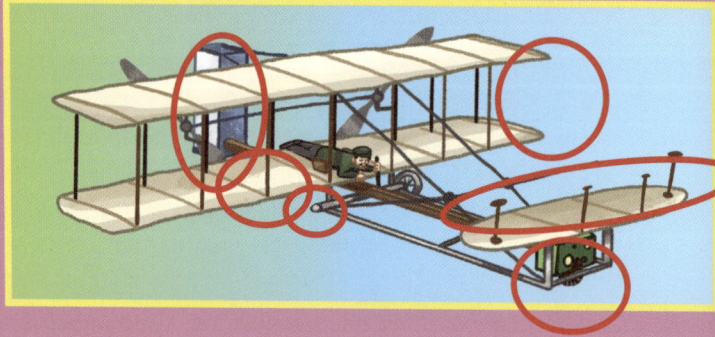

33쪽
① 이따 우리 집에 가자
② 5시에 교실 앞에서 만나

35쪽
1 = ③, 2 = ①, 3 = ②, 4 = ④

43쪽
약 2000년 전 = 이누이트족의 고글
서기 1000년경 = 독서용 투명 돌
1290년경 = 대못 안경
1720년 = 다리 달린 안경
1887년 = 콘택트렌즈
1987년 = 레이저 시력 교정 수술

45쪽
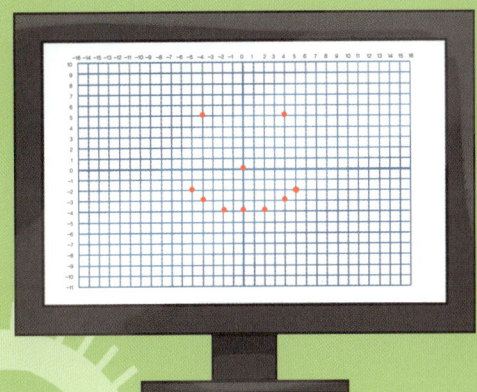

51쪽
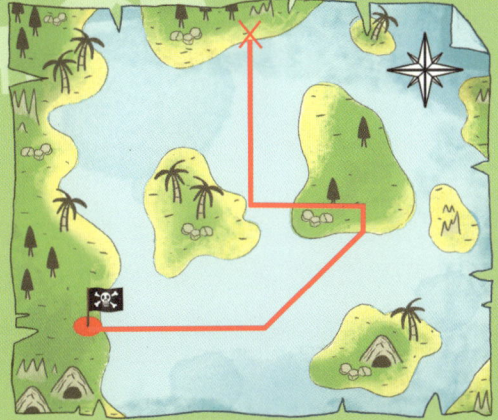

58-59쪽 깜짝 퀴즈
1. 안경(1290년대)
구텐베르크의 금속 활자(1440년대)
현미경(1670년대)
전기 기타(1930년대)
호버크라프트(1950년대)
컴퓨터 마우스(1960년대)
2. 5번
3. 초기의 청진기로, 심장 박동을 들을 때 사용했어요.
4. 참
5. ②
6.

	공기보다 무겁다	조종할 수 있다	엔진이 있다	오래 날 수 있다
비행기	☺	☺	☺	☺
도르래	☺			
현대식 글라이더	☺	☺		☺
헬리콥터	☺	☺	☺	☺

7. 밀어내는 힘.
8. 아래쪽을 잡아야 해요.
9. 거짓.
10. ②, ④, ⑤가 필요해요. 막대자석을 플라스틱 뚜껑 위에 올리고 물이 담긴 대야에 띄워요. 그러면 자석이 서서히 움직여 남북을 가리킬 거예요.

주요 개념

- **관악기** 입으로 불어서 관 안의 공기를 진동시켜 소리 내는 악기.
- **굴대** 두 개의 바퀴를 이어 주며 바퀴 회전의 중심축이 되는 막대기. **차축**이라고도 해요.
- **그래픽 사용자 인터페이스(GUI)** 명령줄을 직접 입력하지 않고, 아이콘 같은 그래픽을 선택하여 쉽게 컴퓨터를 작동하는 방식.
- **근시** 가까운 데 있는 것은 잘 보아도 먼 데 있는 것은 선명하게 보지 못하는 시력. 오목 렌즈 안경으로 교정해요.
- **글라이더** 엔진이나 프로펠러 같은 추진 장치 없이 바람의 힘과 자기 무게를 동력으로 삼아 날아가는 비행기.
- **나침반** 자성을 띤 바늘이 항상 남북을 가리키는 특징을 이용해서 방향을 찾는 도구.

- **도르래** 대나무를 얇게 깎고 한가운데에 대꼬챙이를 끼워, 두 손바닥으로 비벼 날리는 장난감. 대나무 바람개비라고도 해요.
- **렌즈** 빛을 모으거나 흩뜨리기 위해서 한쪽이나 양쪽을 둥그스름하게 만든 유리 조각. 오목 렌즈와 볼록 렌즈가 있어요.
- **망막** 눈알 가장 안쪽에 있는 얇고 투명한 막으로, 망막을 이루는 세포가 시각 정보를 받아들여 뇌로 전달해요.
- **명령줄** 컴퓨터를 작동하기 위해 사용자가 직접 자판으로 입력하는 지시문.
- **모스 부호** 점과 선으로 문자나 기호를 나타내는 전신 부호.
- **미생물** 너무 작아서 맨눈으로 볼 수 없는 세균이나 효모 같은 생물.
- **바퀴** 굴대를 중심으로 돌리거나 굴리려고 테 모양으로 둥글게 만든 물건.
- **바큇살** 바퀴 중심에서 테 쪽으로 부챗살 모양으로 뻗친 가느다란 나뭇조각이나 쇠막대.
- **받침점** 물체를 떠받치는 지레를 괸 고정된 점.
- **소프트웨어** 컴퓨터를 관리하거나 여러 가지 원하는 목적으로 쓰는 데 필요한 프로그램.
- **신시사이저** 전기 신호로 여러 악기 소리를 흉내 내거나 새로운 소리를 만들어 내는 악기.
- **아치** 활이나 무지개 모양으로 잘 쓰러지지 않게 만든 구조물.
- **엑스선 사진** 눈으로 볼 수 없는 몸 안이나 물체 내부를 전자파의 일종인 엑스선(엑스레이)을 이용해 찍는 사진.
- **원시** 가까이 있는 물체를 잘 볼 수 없는 시력. 볼록 렌즈 안경으로 교정해요.
- **이진 부호(이진 코드)** 어떤 값을 0과 1로 나타낸 부호 형식.
- **인공사지(의수족)** 인공으로 만든 팔과 다리.

- **자기 부상 열차** 자석의 같은 극끼리 서로 밀어내는 힘을 이용하여, 차량을 선로 위에 살짝 띄워 달리게 하는 열차.
- **재물대** 현미경에서 관찰할 재료를 얹어 놓는 평평한 대.
- **전성관** 분리된 두 방을 연결하여 소리를 전달하는 관.
- **전신** 문자나 숫자를 전기 신호로 바꾸어 전류나 전파로 보내는 통신.
- **전진** 큰 지진에 앞서 일어나는 작은 지진.
- **지렛대(지레)** 작은 힘으로 무거운 물건을 들어 올리는 데 쓰는 막대기.
- **지진계** 지진의 진동을 자동으로 기록하는 기계.
- **천공 카드** 일정한 규칙에 따라 여러 개의 구멍을 뚫어 문자나 기호를 나타내는 종이 카드.
- **청진기** 환자의 심장 소리와 숨소리를 듣는 데 쓰는 의료 기구.
- **축음기** 원통이나 원판 모양 레코드에 녹음한 소리를 재생하는 장치.
- **카메라 오브스쿠라** 바깥 경치가 어두운 방 한쪽 벽에 뚫린 바늘구멍을 통과하여 반대쪽 벽에 거꾸로 비치도록 만든 장치로, 나중에 사진기로 발전했어요. 원래는 '어두운 방'이란 뜻인데, 사진기를 뜻하는 '카메라'라는 말이 여기서 나왔어요.
- **타악기** 막대기나 손으로 두드려서 소리를 내는 악기.
- **톱니바퀴** 둘레에 일정한 간격으로 톱니를 낸 바퀴로, 톱니끼리 서로 맞물려 돌면서 동력을 전달하는 장치. **기어**라고도 해요.
- **투석기** 큰 돌을 성이나 적진으로 쏘아 던지던 무기.
- **폭죽** 가는 대나무나 종이 통에 화약을 넣고 불을 질러 터뜨리면 큰 소리가 나고 불꽃이 일어나는 물건.
- **프로그래밍 언어** 컴퓨터 프로그램을 만들 때 쓰는 언어.
- **필경사** 글씨 쓰는 일을 직업으로 하는 사람.
- **해석 기관** 1883년 찰스 배비지가 고안한 자동 계산기로, 실제 제작되지는 않았으나 나중에 컴퓨터의 기초가 되었어요.
- **현수교** 높다란 탑을 양쪽에 세워 쇠사슬을 건너지르고, 쇠사슬에 상판을 매달아 만든 다리.
- **현미경** 눈으로 볼 수 없는 작은 것을 확대해서 보는 기구.
- **현악기** 줄을 켜거나 타서 소리를 내는 악기.
- **호버크라프트** 바닥에서 공기를 세차게 뿜어내어 생기는 압력의 힘으로 물이나 땅 위를 닿을락 말락 하게 떠서 나아가는 배.
- **활공** 새가 날개를 펄럭이지 않고 날개를 쫙 편 채 나는 것.
- **활자** 찰흙, 나무, 쇠붙이 들로 네모기둥을 만든 다음, 윗면에 문자나 기호를 볼록 튀어나오게 새긴 것.
- **활판** 활자로 짜서 만든 인쇄용 판. 활판 위에 먹물을 칠하고 종이를 올려 찍으면 인쇄물이 완성돼요.

추천하는 글

교육 방식에도 유행이 있어서, 한때 열풍을 일으키다 흔적 없이 사라지는 것들이 꽤 많습니다. 그런데 과학(Science), 기술(Technology), 공학(Engineering), 수학(Mathematics)에 통합적으로 접근하는 STEM 교육, 더 나아가 인문·예술(Art)을 결합한 STEAM 교육은 융합 인재 교육으로서 오랜 세월 주목받아 왔습니다. 단순한 지식 암기를 넘어서 융합적 사고력과 실생활 문제 해결력을 높임으로써, 4차 산업 혁명 시대를 맞아 인공 지능과 차별화된 인재를 양성하는 데 맞춤한 교육 방식이기 때문입니다. 〈별숲 어린이 STEM 학교〉 시리즈는 이러한 목표에 맞추어 우리 생활과 밀접한 개념과 지식이 깔끔한 그림과 함께 알기 쉬운 풀이로 나오고, 이어서 각 개념과 관련하여 직접 체험할 수 있는 재미난 활동 자료가 제공되어 통합적인 개념 파악과 응용이 가능합니다. 특히 이 책에 나온 활동들은 주변에서 쉽게 구할 수 있는 재료를 활용하여 특별한 준비 없이 지금 바로 할 수 있다는 것이 큰 장점이지요. 교육에 있어 그냥 듣기보다는 보고 듣는 것이 낫고, 또 그저 보고 듣기보다는 보고 듣고 만지고 활동하는 과정에서 아이들의 능력은 무한히 커집니다. 〈별숲 어린이 STEM 학교〉 시리즈는 과학 전반에 관심 있는 아이들에게는 한층 더 깊이 있는 탐구의 문을, 그렇지 못한 아이들에게는 쉽고 편안하게 과학의 세계에 들어갈 수 있는 문을 열어 줄 것입니다.

박근영 (초등학교 교사, 초등 과학 및 SW 교육 전문가)